根叶互作调控下的牧草再生机制研究

GENYE HUZUO TIAOKONG XIA DE
MUCAO ZAISHENG JIZHI YANJU

王晓凌　赵　威　著

中国水利水电出版社
www.waterpub.com.cn

内 容 提 要

本书选取了内蒙古草原典型的优势植物——羊草,和世界上分布较为广泛的牧草——多花黑麦草为研究对象,细致地研讨了根叶互作调控下的牧草再生机制。从根系对叶片生长影响的角度,详细探讨了羊草对放牧和放牧环境变化的生理生态适应性。以根系诱导的植物激素对叶片生长的调控为核心,较为系统地阐述了多花黑麦草根系诱导的叶片细胞分裂素对叶片再生的调控机制。本书内容详实,实验数据合理。全书共分为四章,主要内容包括:绪论、羊草再生对过度放牧和一个的生理生态响应、根叶互作调控下的多花黑麦草再生及时的生理生态学研究、总结与展望。

图书在版编目（CIP）数据

根叶互作调控下的牧草再生机制研究 / 王晓凌,赵威著. -- 北京 : 中国水利水电出版社, 2015.3 (2022.9重印)
ISBN 978-7-5170-3055-3

Ⅰ. ①根… Ⅱ. ①王… ②赵… Ⅲ. ①牧草-再生-研究 Ⅳ. ①S54

中国版本图书馆CIP数据核字(2015)第060485号

策划编辑:杨庆川　责任编辑:陈 洁　封面设计:崔 蕾

书　　名	根叶互作调控下的牧草再生机制研究
作　　者	王晓凌 赵 威 著
出版发行	中国水利水电出版社
	(北京市海淀区玉渊潭南路1号D座 100038)
	网址:www. waterpub. com. cn
	E-mail:mchannel@263. net(万水)
	sales@ mwr.gov.cn
	电话:(010)68545888(营销中心)、82562819（万水)
经　　售	北京科水图书销售有限公司
	电话:(010)63202643、68545874
	全国各地新华书店和相关出版物销售网点
排　　版	北京鑫海胜蓝数码科技有限公司
印　　刷	天津光之彩印刷有限公司
规　　格	170mm×240mm　16开本　12.75印张　228千字
版　　次	2015年6月第1版　2022年9月第2次印刷
印　　数	3001-4001册
定　　价	42.00元

前　　言

随着环境科学的发展，人们对环境问题的认识也越来越深刻。近些年来，北方地区频繁发生的沙尘暴，与草原的重度退化有直接的关系，严重影响了北方大部分地区的畜牧业生产和农牧民的生活，威胁到地区的生态安全。维持草原的生态系统平衡具有重要作用，放牧是草地利用的主要方式，而过度放牧是草地退化的重要原因。牧草的耐牧性是牧草维持自身生存、维持草场持续生产和提高产草量的重要因素，因此研究牧草的再生对草原生态系统的恢复具有重要意义。

本书内容大致分为 4 章：第 1 章为绪论，简要概述了牧草再生、影响牧草再生的生理与生态因子和牧草再生机制的关键科学问题。第 2 章为羊草再生对过度放牧和刈割的生理生态响应，首先概述了试验区和研究材料，讨论了野外试验样地、控制试验地点、植物学特性、生态学特性、经济价值等；然后研究了放牧对羊草根系及土壤质量的影响，给出了材料与方法、土壤容量测定、土壤有机碳和全氮的测定、土壤含水量的测定、羊草形态和种群特征的测定，过度放牧对土壤容重、养分、水分含量的影响，过度放牧对羊草形态特征、生物量分配、种群特征影响等；接着研究羊草叶片气体交换和叶绿素荧光特性及水分利用效率对放牧的响应，刈割后施肥和干旱处理对羊草补偿性生长的影响；最后讨论了羊草刈割后的补偿性光合作用。第 3 章为根叶互作调控下的多花黑麦草再生机制的生理生态学研究，其研究内容为多花黑麦草概述，断根与外源喷施细胞分裂素诱导的根叶互作对黑麦草持续再生机制的影响，梯度断根诱导细胞分裂素对黑麦草持续再生的影响，根系硝态氮吸收对黑麦草持续再生的调控机制，细胞分裂素调控的不同茬高黑麦草再生机制研究以及生长素诱导的叶根信号传递对黑麦草再生的影响等。第 4 章是对全书的总结与展望。

全书由王晓凌、赵威撰写，具体分工如下：

第 1 章、第 3 章：王晓凌（河南科技大学）；

第 2 章、第 4 章：赵威（河南科技大学）。

本书出版，得到国家自然科学基金项目"根叶互作诱导的细胞分裂素对多花黑麦草持续性再生的调控机制（U1304326）"和国家自然科学基金项目"河南暖温性草地群落的放牧再生性补偿与其固碳潜力关系研究

（U1304306）"的资助，另外，也得到河南科技大学学术专著出版基金资助，在此特致谢意。

本书在写作的过程中参考了大量书籍，但由于作者的水平和所收集的资料有限，书中难免存在疏漏和不足之处，望广大读者批评指正。

作　者

2015 年 1 月

目　录

第 1 章 绪 论

1.1 牧草再生概述

我国草地资源丰富,居世界第二位,仅次于澳大利亚。全国拥有天然草地面积 4 亿 hm^2,占国土总面积约 42%,大部分草地分布在西部,其中可利用面积 3 亿 hm^2,占国土总面积约 1/3,是农田面积的 3 倍以上。由此可见,我国的草地畜牧业发展潜力巨大。此外,丰富的草地资源是实现我国农业可持续发展、良好生态环境的重要屏障。草原作为我国陆地上面积最大的生态系统,不仅是草地畜牧业及旱作农业的基地,而且是维护陆地生态平衡不可替代的保障。因此,草原作为国土资源的重要组成部分,其经济和生态功能不容忽视。

草地的一个最基本的特征就是去叶后的再生。世界牧草之王"紫花苜蓿"地上部分被刈割后,其枝条和叶片均能再次生长出来,再生能力强的苜蓿品种,一年内刈割 4 到 5 次,依然能够再生。作为世界上的三大牧草之一,三叶草也具有较强的再生能力,剪割后可从根部分蘖生长出新的枝条,其耐刈割,刈割后能很快地恢复覆盖的效果。黑麦草是一种具有较高经济价值且广布于世界各地的栽培牧草,其去叶后可从茎基的分蘖节处发出新的分蘖芽,被剪掉的半截叶子还可以继续再生,一个生长季节通过多次刈割可收获 4~5 次。不仅上述世界上的主要牧草存在着再生现象,而且目前不少中外学者还报道了燕麦、华北驼绒藜、梯牧草、矮象草等草的再生(张志芬等,2014;纳钦等,2012;Jing 等,2012;Kozloski 等,2005;Li 等,2011)。

基于牧草的再生,通过多次刈割的再生牧草能多次收获茎叶等产品,这样可以明显地提高产量。在内蒙古西辽河平原中部的研究发现紫花苜蓿通过刈割 4 次收获的产量比仅收获 1 次的产量高约 82%(杨恒山等,2004),常春等(2013)在宁夏贺兰山农牧场进行了苜蓿种植试验,发现通过刈割 4 次收获的产量比通过刈割 2 次收获的产量高约 26%。多花黑麦草生长迅速,再生同样是促进其产量提高的一种有效途径。申晓萍等(2011)在广西来宾的研究表明,通过刈割 3 次而收获的黑麦草产草料是通过刈割 1 次产草量的 2 倍多,于应文等(2002)在贵州省威宁县的试验结果发现,黑麦草草地刈割 4 次后收获的草总产量,是生长过程中未刈割而收获的草产量的 3

倍多。在由红豆草和红三叶等 5 种豆科、禾本科牧草组成的混播草地上,高寒醉马草草甸上,以及象草草地上等的刈割后再生的研究均发现,割后再生的确是提高草地产草量的一个有效途径(张鲜花等,2014;景媛媛等,2014;梁志霞等,2013)。简而言之,牧草的再生是提高其产草量的重要保障。

牧草及饲料作物是农业和畜牧业的重要生产资料,对畜牧业的发展具有十分重要的作用。而优良的牧草是畜牧业发展的关键,牧草及饲料作物营养品质的优劣不仅影响家畜的生长和发育,也影响畜产品的产量和品质。年刈割 3 次苏丹草再生后的茎叶的粗蛋白含量是年刈割 1 次和 2 次的1.07 倍和 1.04 倍;留茬 8 cm 高时的苏丹草再生茎叶的干草及粗蛋白质产量最高,分别达 27.64 t/hm² 和 3.29 t/hm²,高于或低于 8 cm 均影响其产草量和粗蛋白质含量(刘景辉等,2005)。以燕麦开花期 1 次刈割为对照,探讨了不同刈割次数对燕麦青草干草产量和粗蛋白、酸性洗涤纤维含量等指标的影响(刘刚和赵桂琴,2006)。结果表明,1 年内刈割 2 次的干草产量以及单位面积粗蛋白产量不但没有提高,反而有显著的降低,但刈割 2 次的牧草品质比刈割 1 次的好,其茎叶比值较低,粗蛋白、粗灰分含量较高,适口性好。特别是刈割的头茬草,酸性洗涤纤维含量显著低于二茬草及对照。对多年生 3 叶龄黑麦草 Lolium perenne 进行刈割并留不同的茬高,结果发现留茬 50 mm 的再生茎叶中的可溶性碳水化合物含量是留茬 20 mm 植株的3.1 倍(Donaghy 和 Fulkerson,1998)。可见,再生是影响牧草营养品质的一个非常重要的方面。

另外,牧草的再生性还有助于促进草地或草场的更新,维持草地和草场持续的生产力。更为重要的是,该再生性还与牧草的耐牧性密切相联系。牧草的耐牧性,是指牧草被牧食以后刺激植物再生长的机制,反映了牧草抵御草食动物牧食的能力,对于草地放牧至关重要。因此,对于牧草而言再生具有重要的基础理论意义,开展此项研究意义重大。

1.2　影响牧草再生的生理与生态因子

1.2.1　水分

水分是植物必不可少的组分之一,在正在生长着的植物体中,幼嫩叶子的含量为 80%～90%,根系的含量可达 70%～95%,茎等植物组织中的含水量叶达到了 50% 以上。水分在植物的生长发育过程中还起着媒介和发生场所的作用。植物的各种生化反应均须以水为介质或溶剂来进行,水还是光合作用的基本原料之一,它参加各种水解反应和呼吸作用中的多种反应。植物的生长,通常靠吸水使细胞伸长或膨大,膨压降低,生长就减缓或停止。可见水分对植物的生长发育至关重要。牧草的再生也是一个生长发育的过程,因此,水分对牧草的再生同样至关重要。

在河北坝上地区对老芒麦的田间定位实测表明,老芒麦的再生草生长缓慢的关键原因是水分匮乏,进行冬灌或拔节期灌溉,可显著提高再生草产量或头茬草的产量,全年总的产草量可提高40%到200%以上(王皓和李子忠,2008)。据在荒漠草原的草场进行的模拟放牧的刈割试验发现,在降雨较少的情况下对荒漠草原的草场进行多次刈割,会引起草场再生速率的急剧下降(赛胜宝等,1991)。多年生黑麦草,草地早熟禾和苇状羊茅3种草坪草在田间持水量为30%~50%范围内时,随着土壤含水量的增加,它们的再生速率也呈现增加的趋势(徐敏云等,2005)。Jia等(2006)在半干旱黄土高原地区的兰州榆中,采用在田间起垄、沟垄相间、垄上覆膜、沟内种植、垄面产流、沟内集雨的种植方法来种植苜蓿,结果发现该种植方式可使一年刈割两次苜蓿的产草量较裸地平作增产10~40%。主要原因在于垄面集雨会增加苜蓿的水分供应,会促进其再生长。

降水以及灌溉水主要是通过其在时间和空间上的变化改变了土壤含水量,进而通过影响植物根系而对植物的生长发育进行影响。因此,根系在水分对牧草再生的影响中起着关键性的作用。

1.2.2 光照

植物的根从地下吸收水份和肥料,通过木质部的导管输送到所有的叶片之上,进行光合作用,合成营养后再从皮层由上而下输送到全身供生长发育之用。可见光照对于植物如同吃饭对于我们人类一样,十分重要。假如没有光照,叶绿素的合成、花青素的形成、水分的吸收与蒸腾、细胞质的流动等等生命活动都无法进行。牧草的再生也是一个生长发育的过程,因此,光照对牧草的再生同样至关重要。

在上海崇明的研究发现,光照会影响香樟林下由羊茅、百喜草、狗牙根和紫花苜蓿构成的混播草地的生产力,同一放牧强度下混播草地再生草量均呈现随光照强度增大而增大的趋势(李志刚等,2011)。在北京进行的气象因子对苜蓿刈割后再生高度的研究发现,光照是一个影响苜蓿刈割后再生高度的关键性因子(高菲和卢欣石,2012)。另据王娟等(2006)的研究发现,遮阴会严重影响扁穗牛鞭草的刈割后的再生草量。可见,光照是影响牧草去叶后再生的一个必然条件,这对从以根对叶的角度来研究牧草的再生也具有至关重要的参考意义。

1.2.3　土壤养分

土壤养分是指由土壤提供的植物生长所必需的营养元素,能被植物直接或者转化后吸收。土壤养分可大致分为大量元素、中量元素和微量元素,包括氮(N)、磷(P)、钾(K)、钙(Ca)、镁(Mg)、硫(S)、铁(Fe)、硼(B)、钼(Mo)、锌(Zn)、锰(Mn)、铜(Cu)和氯(Cl)13种元素。在自然土壤中,土壤养分主要来源于土壤矿物质和土壤有机质,其次是大气降水、坡渗水和地下水。在耕作土壤中,还来源于施肥和灌溉。

根据在土壤中存在的化学形态,土壤养分的形态分为四种。①水溶态养分:土壤溶液中溶解的离子和少量的低分子有机化合物。②代换态养分:是水溶态养分的来源之一。③矿物态养分:大多数是难溶性养分,有少量是弱酸溶性的(对植物有效)。④有机态养分:矿质化过程的难易强度不同。根据植物对营养元素吸收利用的难易程度,土壤养分又分为速效性养分和迟效性养分。一般来说,速效性养分仅占很少部分,不足全量的1%,应该注意的是速效性养分和迟效性养分的划分是相对的,二者总处于动态平衡之中。土壤养分的总贮量中,有很小一部分能为当季作物根系迅速吸收同化的养分称速效性养分;其余绝大部分必须经过生物的或化学的转化作用方能为植物所吸收的养分称迟效性养分。牧草的再生是一个大量消耗土壤养分的过程,因此,土壤养分对牧草再生至关重要。

通过对呼和浩特市生长4年的新麦草新品系进行连续2年春季施肥,并测定草产量和再生速度,发现施肥也促进了新品系刈割后的株丛再生,施肥720 kg/hm² 处理的株高和叶片再生速度最快(云岚等,2008)。对玉米草在重庆低海拔地区不同立地条件下的抗性及生产性能进行了研究,结果表明,该牧草在重庆中亚热带气候条件下表现出了较强的抗旱性。高温条件下,保水能力较强、肥力较高的土壤有利于玉米草的再生。选择高水肥的立地条件是该牧草栽植成功的关键(何玮等,2007)。在砂土、粘土、壤土3种不同的土壤上以穴播、条播、撒播和育苗移栽4种种植方式种植黔引普那菊苣,测定其鲜草产量和再生速度。结果表明:黔引普那菊苣适宜在各种土壤上种植,但以在土壤肥沃的壤土上种植产量较高,条播、穴播为推广的种植方式(韩永芬等,2009)。

何静等对施肥条件下的一年生黑麦草的生物量进行了研究,结果表明:复合肥每667 m²/100 kg,有机肥667 m²/1 200 kg作基肥,一年生黑麦草的根系最发达且产草量最高,达到53 226.6 kg/hm²。许能祥等(2009)黑麦草追施氮来研究其再生产量和品质,结果表明:2个品系的中性洗涤纤维含量、酸性洗涤纤维含量和非结构性碳水化合物含量则呈下降趋势。而再生草干物质产量、干物质体外消化率、可消化干物质产量和粗蛋白含量均与追施氮量成正比。顾洪如等(2004)以多花黑麦草苏畜研 1 号为材料,研究了追施不同氮量对多花黑麦草产草量的影响。试验结果表明,追施适量氮肥可提高多花黑麦草干物质产量,追施氮量为 300 kg/hm² 时多花黑麦草干物质产量和可消化干物质产量均较高。

可见,土壤养分是影响牧草再生的一个重要因素。然而,土壤营养对牧草再生的作用必须通过根系的吸收方式才能表现出来,因此土壤营养是一个重要的基于根叶关系研究牧草再生的因素。

1.2.4 种群竞争

单位面积上牧草的种植株数就是牧草的种植密度。牧草合理的种植密度可以充分利用光、热、水、气热和养分,协调群体与个体间的矛盾,在群体最大发展的前提下,保证个体健壮地生长发育。牧草的种植密度过稀,不利于草地生产力的提高,而牧草的种植密度过于稠密时,易造成种内竞争的加剧,不利于个体的生长发育,也会对草地的生产力造成一定程度的危害。

黄彩变等(2011)报道,密度会对于塔克拉玛干沙漠南缘策勒绿洲的骆驼刺的再生性能产生明显的影响,在 0.44～0.46 株/m² 的密度条件下时以齐地面以下 5 cm 刈割时产草量较高,在 0.41～0.42 株/m² 的密度条件下时以齐地面刈割产草量较高。为明确小黑麦在黑龙江省可再生并获得较高草产量的适宜刈割期和播种密度,选用饲用型小黑麦东农 5305 为试验材料,通过田间试验对不同处理下小黑麦株高、产量及再生营养指标进行分析(李晶等,2009)。结果表明:东农 5305 早期刈割下,再生植株可达到正常植株的高度;在分蘖盛期刈割、密度600 万株/hm²(中高密度)时获较高饲用产量。以甘南亚高山草甸常见牧草垂穗披碱草为对象,通过考察种群密度、施肥与刈割处理等对植物生长和生殖的影响效应,比较了垂穗披碱草在 5 个密度及 2 个施肥实验处理条件下对 4 种刈割处理的补偿性反应特点(王海洋等,2003)。在不施肥情况下,刈割对垂穗披碱草的影响程度随种群密度加大而加大,在低密度处理中早期轻度刈割的植物发生了超补偿。可以认为,低密度种群中植物具有较多的分蘖是植物在刈割后表现出较高补偿能力的一个重要生物学原因。

可见,密度是影响牧草去叶后再生的一个必然条件,这对从以根对叶的角度来研究牧草的再生也具有至关重要的参考意义。

1.2.5 碳水化合物

植物生长发育的能源来源,除了通过光合作用得到碳水化合物之外,其体内贮存的碳水化合物也是一个非常重要的来源之一。刈割和放牧等利用方式能够影响植物贮藏物质如碳水化合物和含氮化合物的分布和含量(Olson and Wallander,1997;Ward and Blaster,1961;Buwai and Trlica,1977)。Mckell(1966)以中间冰草为研究对象进行贮存碳水化合物对再生的影响研究,结果发现当中间冰草的贮藏碳水化合物含量降至植物体干重的1%以下时,恢复生长不能继续,甚至死亡。许志信等(1993)的研究认为,牧草先前贮藏的碳水化合物利用程度的轻重以及含量水平与割后的再生有着密切的关系。许多牧草每次刈割后5天,因叶片再生消耗了贮藏碳水化合物,贮存碳水化合物含量下降,然后在刈割后的10~15天随着生长的恢复,碳水化合物的含量升高。各种牧草的贮藏碳水化合物呈现一定的规律性,表现为返青初期含量较高,随后伴随刈割次数增加,含量出现下降,初霜后牧草停止生长时碳水化合物的含量降到最低点,其中短花针茅降低幅度较大,初霜后总糖及还原糖含量约为返青初期的50%,冷蒿和糙隐子草再生次数较少,下降趋势较慢;羊草的贮藏养分含量总的看来是呈下降趋势,且一开始呈锯齿型变化(温方等,2007)。

上世纪60年代,Davies等(1965)的研究就已经发现去叶牧草的再生与留茬中和地下根系中的碳水化合物含量水平密切相关。Smith和Marten(1970)用14C标记刈割前的根,研究茎再生与根部碳水化合物的影响,结果发现,贮藏在根部的碳水化合物对割后茎再生有积极影响。Feltnerr和Massengale(1970)也指出根中总的碳水化合物浓度与产草量呈正相关。白可喻等(1995)的研究发现,刈割或放牧后牧草的恢复生长和春季牧草的萌发生长都与植株贮藏碳水化合物的水平密切相关。Hoshino等(2009)、Quiroga等(2009)、Thiébeau等(2011),以及Furet等(2012)在草原上的研究,以及以苜蓿和黑麦草等为研究对象的研究,均研究了碳水化合物对牧草再生的影响,发现贮存的碳水化合物会促进牧草的再生。

但是有研究表明,苜蓿去叶后再生并非是由根部贮存碳水化合物促进的。Suzuti(1991)报道具有根蘖型的苜蓿植株根中贮藏碳水化合物比死亡株体根部的浓度高。Smith等(1992)的研究发现,耐牧苜蓿品种根部贮藏碳水化合物浓度较高,认为这个浓度的增高部分是因为耐牧品种比不耐牧品种的冠群有较大的基础叶面积。

1.2.6　激素

植物生长激素是指植物细胞接受特定环境信号诱导产生的、低浓度时可调节植物生理反应的活性物质。它们在细胞分裂与伸长、组织与器官分化、开花与结实、成熟与衰老、休眠与萌发以及离体组织培养等方面,分别或相互协调地调控植物的生长、发育与分化。植物生长激素主要包括生长素、赤霉素、细胞分裂素、脱落酸、乙烯和油菜素甾醇等。它们都是些简单的小分子有机化合物,但它们的生理效应却非常复杂、多样。吲哚乙酸能促进这些器官中细胞的伸长生长,如促进幼茎和胚芽鞘的生长。一般低浓度的IAA能促进生长,高浓度的IAA则抑制生长。根对IAA最敏感,茎最不敏感,芽居中。因此能促进主茎生长的IAA浓度往往对侧芽和根有抑制作用。IAA还能促进茎、叶等器官上不定根的发生,特别是能促进一些不易生根的植物插条顺利生根。另外IAA还能促进维管系统的分化;促进光合产物的运输;保持植物的顶端优势;促进菠萝开花和瓜类植物雌花的形成;促进果实发育与单性结实;抑制花朵脱落和叶片老化等。

赤霉素能促进促进整株植株生长,尤其是对矮生突变种的效果特别明显,但对离体茎切段的伸长没有明显的促进作用。赤霉素一般能促进节间的伸长而不是促进节数的增加。赤霉素对生长的促进作用不存在高浓度下的抑制作用。对于需光和需低温才能萌发的种子,如莴苣、烟草等的种子,赤霉素可代替光照和低温打破休眠。赤霉素还能促进某些二年生植物如甘蓝、油菜、萝卜等抽薹开花;促进黄瓜等葫芦科植物雄花的发育;促进梨、杏、草莓、葡萄等植物坐果和单性结实;抑制不定根的形成;延缓叶片以及芸香科果实的老化等。

细胞分裂素最显著的生理作用就是促进细胞分裂,特别是促进细胞质的分裂。此外,细胞分裂素能增加细胞壁的可塑性,促进细胞吸水扩大。有研究证明,细胞分裂素能促进一些双子叶植物如菜豆、萝卜等的子叶或离体叶圆片扩大,这种扩大主要是促进了细胞横向增粗所造成的,与生长素促进细胞纵向伸长的作用不同。细胞分裂素能显著延长离体叶片的保绿时间,推迟其衰老。对于需光才能萌发的种子,如莴苣、烟草等,细胞分裂素可代替光照打破这类种子的休眠,促进萌发。细胞分裂素还能促进分生组织的生长,促进侧芽的形成和发育,从而削弱或解除多种植物的顶端优势。

脱落酸广泛分布于被子植物、裸子植物、蕨类、苔藓。高等植物从根冠到顶芽的各器官和组织中都能检测到ABA的存在,其中以将要脱落或进入休眠的器官和组织中含较多。当植物受到干旱、盐渍或寒冷引起的渗透胁迫时,其体内的ABA含量会迅速增加。ABA运输不具有极性,在植物体内既可通过木质部又可通过韧皮部运输。一般叶片内合成的ABA主要通过韧皮部下运到根部;而根系合成的ABA主要通过木质部上运到茎叶,且ABA主要以游离型的形式运输。脱落酸能促进多种多年生木本植物和种子休眠。外施脱落酸时,可使旺盛生长的枝条停止生长而进入休眠,但这种休眠可用GA有效打破。脱落酸能抑制整株植物或离体器官的生长,也能抑制种子的萌发。其抑制效应是可逆的,一旦去除脱落酸,枝条的生长或种子的萌发会立即开始。脱落酸还能促进气孔关闭,降低蒸腾;明显促进器官脱落;增强植物对多种逆境的抗性。

黄顶和王堃(2006)在春季萌动期,分别对典型草原几种常见禾本科牧草老芒麦、披碱草、羊草、赖草和克氏针茅的幼芽和地下根系可溶性糖含量及内源激素动态变化对春季懵懂再生的影响研究。结果表明,高含量的GA和较低含量的ABA是根茎类禾草羊草和赖草春季萌动早的重要调控因子。这在一定程度上说明植物生长激素对牧草的再生起着作用。

另据李志华等(2002)对赤霉素处理对多花黑麦草生长及再生的影响作了研究。结果表明:随赤霉素处理浓度的提高,对多花黑麦草拔节进程的加速,茎叶比、中性洗涤纤维含量的增加表现明显。对多花黑麦草进行 0.1 mg/g、0.2 mg/g、0.3 mg/g 三个浓度的赤霉素处理。结果以 0.3 mg/g 效果最好;0.2、0.3 mg/g 使多花黑麦草株高、再生草株高、干草产量、粗蛋白质含量提高明显。对刚割茬的香根草进行不同赤霉素喷施浓度,结果表明赤霉素抑制香根草新茎蘖萌发,但促进其高度增长,浓度与株高增长正相关(张国发等,2003)。肖艳云等(2006)在内蒙古民族大学试研究了叶面喷施生长素对紫花苜蓿生长、产量及品质的影响。结果表明,随喷施浓度的增加,紫花苜蓿节间距和株高增加,但节间数变化不大;草产量随喷施浓度的增加而增加,且以第 2 茬、第 3 茬增加明显;低浓度喷施有利于紫花苜蓿 1 级分枝数的增加并保持相对较高的营养品质,而高浓度喷施则作用相反。刘丹等(2012)对黑麦草的研究发现,多次去叶条件下,喷施外源细胞分裂素能促进叶片中玉米素核苷含量及其再生叶片生物量的增加。可见赤霉素、生长素和细胞分裂素均与牧草的再生有密切的关系,因为植物的生长是一个多种生长激素参与的综合调控过程。

1.2.7 茬高

留茬高度是影响牧草去叶后其再生的一个重要特征,近年来受到国内外的众多学者的研究和报道。陈世苹等(2008)在内蒙古羊草上的研究发现,在高或中留茬高度(去除地上部分的 20% 或 40%)的条件下,羊草能发生过补偿生长,其再生的茎叶生物量常常高于未去叶时草再生的生物量;但在低留茬高度(去除地上部分的 80%)的情况下,其再生的茎叶生物量非常少,大大低于未去叶时草生长的生物量。孙学钊等(1991)对不同留茬高度给多年生黑麦草再生长产量品质的影响作了研究,结果表明:各刈割留茬高度间不表现互作效应,各次刈割留茬高低仅影响所刈当次收获牧草及紧接其后的再生草量。与高留茬相比,再生长方面,低留茬不利于再生,品质方面,低留茬当次收获牧草的品质也不如高留茬的好,但再生草的品质不差,影响程度与刈割次数增加成正比。产量方面,低留茬虽增加了当次收获的产量,但减少紧接其后再生草的产量,增产的绝对量与刈割次数增加成反比,相对量与刈次增加成正比。就不同处理而言,总产量低留茬的显著高于高留茬。

顾梦鹤等(2011)分析了刈割对青藏高原人工草地初级生产力和物种丰富度的影响,结果显示:在草地建植第 2 年,不刈割与刈割留茬 60 mm 和 20 mm 的草地初级生产力均有显著差异;留茬 60 mm 和 20 mm 刈割使单播草地的平均初级生产力分别降低 20%和 27%,使混播草地的平均初级生产力分别降低 29%和 37%。草地建植第 3 年,不刈割、留茬 60 mm 和 20 mm 3 个处理间的草地生产力均差异极显著;留茬 60 mm 和 20 mm 刈割使单播草地的平均生产力分别降低 19%和 36%,使混播草地的平均生产力分别降低 4%和 18%。韩龙等(2010)以内蒙古高原南缘羊草草甸草原为研究对象,设 5 个利用梯度,即不刈割、留茬 2 cm、5 cm、10 cm 和 15 cm,研究了连续刈割处理 3 年后羊草草甸草原生物多样性与地上生物量的变化规律。研究结果表明,群落中羊草地上生物量随刈割强度的增大而减小($P<0.05$);群落生长量为不刈割处理显著高于留茬 10 cm 和 15 cm($P<0.05$);多样性指数(Mar galef 、S imp son、Shannon-Wiener 和 Pielou 指数)随刈割强度的增大而增大($P<0.05$)。羊草相对密度随刈割强度的增大而减小。张锐珍等(2008)对多花黑麦草特高和杰威两个品牌在不同刈割高度下的产草量和品质作了研究,结果表明:留茬高度与产草量成正比,随着产量的不断增加,干物质产量的增加幅度比鲜草更为明显。可见留茬高度越低越易影响牧草的再生。

1.2.8　去叶次数

去叶次数是影响牧草再生的一个非常重要的因素,合理的去叶次数促进牧草的分蘖和再生,从而提高地上部分的生物量和质量,但高频度刈割反而抑制牧草地上部分生长。

随着刈割次数的增加,紫花苜蓿的总的干物质产量也逐步增加(杨培昌等,2008)。红三叶和鸭茅及混播草地总产在刈割 1 次～3 次范围,随刈割次数增加,总的产草量也明显增加,但若刈割 4 次,总的产量则有所下降(樊江文,2001)。随刈割次数的增加,羊草和南牡蒿的总生物量都呈增加趋势(何峰等,2009)。但刈割次数会严重影响牧草的再生草的生物量,随着刈割次数的增加,牧草再生草产量逐渐下降。景媛媛等(2014)的研究发现,以未刈割为对照,研究了每年刈割 1 次、刈割 2 次处理对甘肃高寒草甸醉马草的影响。结果表明,每年刈割 2 次的醉马草高度比刈割 1 次的降低了65.9%,生殖枝密度减少了 100%,穗长、地上生物量、丛径冠幅和盖度分别降低了 100%、88.9%、53.9%和 56.3%。樊江文(2001)的研究发现,随刈割次数增加,红三叶再生草的产草量逐渐下降。从于井瑞等(2008)的研究来看,苜蓿第一次刈割产草量最高,往后依次降低。

1.2.9 放牧

放牧对植物形态结构的影响在时间尺度上是比较长远的。在放牧强度和频度较小的情况下,植物可以维持根和枝条的正常生长,在短时间即可达到平衡。放牧强度和频度达到一定程度后,植物形态结构就要发生较大的改变,不同植物耐性的程度差异取决于其固有的生理学和形态学特性(夏景新等,1995)。在高强度的放牧条件下,草原植物仅能保持较少的光合叶面积,因为许多叶子在幼嫩时便被家畜采食掉。朱琳等(1995)对不同放牧强度下黑麦草(Lolium perenne)和白三叶(Trifolium repens)叶片数量特征的研究表明,两种草的叶面积指数在中、低放牧强度下显著高于高放牧强度。黑麦草的单叶面积受季节影响较大。白三叶叶面积指数与生物量在中、低放牧强度下呈强正相关,在高放牧强度下则呈显著负相关。宝音陶格涛等(2000)观察了冷蒿在不同放牧压力下有性繁殖的变化,结果证明,随着放牧压力的增大,冷蒿花序数量显著减少,种子生产能力降低。张红梅等(2003)研究了长期放牧的大针茅种群生殖器官和营养器官的变异特征。结果表明,放牧导致大针茅植株变矮,丛幅显著减小,营养枝和生殖枝减少,且生殖枝减少更为显著,说明大针茅放牧后个体小型化,有性繁殖降低,新枝条形成时间提前,但也提前结束。此外,其种子长度变短,芒柱变短、变细,芒针变弱但长度基本没有变。对白三叶放牧后的形态特征分析表明,随着留茬高度的降低,白三叶的叶片数、叶面积、叶柄长、分枝数和节间长度均显著降低(Barthram,1997)。

适宜的放牧能够促进牧草再生,而低放牧强度和过度放牧强度下则对牧草的再生不利。刘颖等(2004)通过小区控制放牧试验,研究了放牧强度对松嫩平原羊草草地再生性能的影响。结果表明,在适度放牧强度下,再生草量和再生速率都最大,这说明一定程度的放牧能够促进牧草再生。张荣华(2008)通过在昭苏马场设置的轻度放牧、中度放牧、重度放牧和极度放牧4 个水平模拟放牧的测定,对针茅的再生速度、再生草产量和再生速率的变化进行了研究。结果表明,在春季利用时随着放牧强度的增加,中度放牧下针茅的再生速度最快,再生草量和再生速率均显著高于轻度放牧和重度放牧。主要原因在于,动物的适度采食可以去除那些不能进行有效的光合作用并呼吸消耗植物营养资源的衰老组织,也可打破顶端优势,刺激了侧枝(芽)分生组织的活动能力,从而促进了再生。然而动物过度的采食会使牧草损失掉大部分的生长组织和光合器官,限制了其生长,最终抑制了再生。

1.3 牧草再生机制的关键科学问题

综上所述,牧草再生是一个涉及面广、参与因素多的复杂问题。本质上讲,牧草再长是一个新生有机物质制造的过程,然而去叶却大大减少了其绿色光合面积,在去叶严重时甚至会导致绿色光合面积的完全丧失,从而极大削弱了光合产物向其再生叶片的供应。而据植物体内有机物质再分配理论,植物生长冗余的部分可以作为源向母体提供有机物质,来促进母体的生长和发育(Song et al.,2009;Ecroli et al.,2008;Lee et al.,2009)。

然而,在小麦、羊草等禾本科牧草或作物上的研究表明,植物体内贮存的有机物的大量消耗会影响到其某些器官的功能,抑制了它们的生长和发育(Ruan et al.,2008;Zhao et al.,2009;Ma et al.,2010)。对牧草而言,去叶会引起体内贮存碳水化合物的消耗,以及相应的根系的碳水化合物含量水平的下降和根系功能的衰弱,进而会对它们去叶后的再生产生影响。因为植物的茎叶和根系是一个统一的整体,叶片旺盛的生长必须有强大的根系功能来做保障,相反,当根系功能衰竭时,其茎叶的生长常常会受到严重的抑制。在棉花(Gossypium hirsutum)、小麦(Triticum aestivum L.)、互花米草(Spartina alterniflora)等植物上的研究表明(刘瑞显等,2009;闫永銮等,2011;Hessini 等,2009),较大的根系会增进根系功能且能促进地上部分茎叶迅速生长。所以,如从牧草贮存碳水化合物对根系功能的影响入手来研究其再生,有助于从较深层次上揭示其再生机制。

参考文献

[1]Fu Y K,Sun J X. Improvement and utilization of grassland[M]. Lanzhou:Gansu Science & Technology Press,1986.

[2]杨恒山,曹敏建,郑庆福,孙德智,李凤山.刈割次数对紫花苜蓿草产量、品质及根的影响[J].作物杂志,2004,2:32—34.

[3]常春,尹强,刘洪林.苜蓿适宜刈割期及刈割次数的研究[J].中国草地学报,2013,35(5):53—56.

[4]于应文,蒋文兰,徐震,冉繁军.刈割对多年生黑麦草分蘖与叶片生

长动态及生产力的影响[J].西北植物学报,2002,22(4):900-906.

[5]申晓萍,李仕坚,朱梅芳,樊露晓.刈割次数对南方冬闲田种植黑麦草产量及品质的影响[J].安徽农业科学,2009,37(35):17445-17446.

[6]张鲜花,穆肖芸,董乙强,朱进忠.刈割次数对不同混播组合草地产量及营养品质的影响[J].新疆农业科学,2014,51(5):951-956.

[7]景媛媛,鱼小军,徐长林等.刈割次数对天祝高寒草甸醉马草的影响[J].草原与草坪,2014,34(4):47-51.

[8]梁志霞,宋同清,曾馥平等.氮素和刈割对桂牧1号杂交象草光合作用、产量和品质的影响[J].生态学杂志,2013,32(8):2008-2014.

[9]张志芬,付晓峰,刘俊青等.不同燕麦品种再生生长特性研究[J].麦类作物学报,2014,4(11):1495-1500.

[10]纳钦,赛希雅拉,王海明.华北驼绒藜不同留茬高度对其产草量的影响研究[J].畜牧与饲料科学,2012,33:109-110.

[11]Jing,Q.,Bélangera,G.,Baronb,V.,Bonesmoc,H.,Virkajärvid,P.,Young,D. Regrowth simulation of the perennial grass timothy[J]. Ecological Modelling,2012,232:64-77.

[12]Kozloski,G. V.,Perottoni,J.,Sanchez,L. M. B. Influence of regrowth age on the nutritive value of dwarf elephant grass hay (Pennisetum purpureum Schum. cv. Mott)consumed by lambs[J]. Animal Feed Science and Technology,2005,119:1-11.

[13]Li,Z. Z.,Zhang,W. H.,Gong,Y. S. The Yield and Water Use Efficiency to First Cutting Date of Siberian Wildrye in North China[J]. Agricultural Sciences in China,2011,10:1716-1722.

[14]刘景辉,赵宝平,焦立新等.刈割次数与留茬高度对内农1号苏丹草产草量和品质的影响[J].草地学报,2005,13(2):93-110.

[15]刘刚,赵桂琴.刈割对燕麦产草量及品质影响的初步研究[J].草业科学,2006,23(11):41-45.

[16]Donaghy,D. J.,Fulkerson,W. J. Priority for allocation of water-soluble carbohydrate reserves during regrowth of Lolium perenne[J]. Grass and Forage science,1998,53:211-218.

[17]王皓,李子忠.农牧交错带老芒麦的优化灌溉及对产量的影响[J].农业工程学报,2008,(24):6-11.

[18]赛胜宝,云清世,辛连仲.荒漠草原草群再生性研究[J].内蒙古草业,1991,3:40-43.

[19]徐敏云,胡自治,刘自学等.水分对3种冷季型草坪草生长的影响

及蒸散需水研究[J].草业科学,2005,22(10):87—91.

[20]Yu Jia,Feng-Min Li,Xiao-Ling Wang. Soil quality responses to alfalfa watered with a field micro-catchment technique in the Loess Plateau of China[J]. Field Crops Research,2006,95:64—74.

[21]李志刚,侯扶江,安渊.放牧和光照对林下栽培草地生产力的影响[J].草业科学,2012,28(03):414—419.

[22]高菲,卢欣石.气象因子对北京不同秋眠等级苜蓿秋季刈割后再生高度的影响[J].中国农学通报,2012,28(14):17—22.

[23]王娟,林磊,向杨等.不同遮阴度对几种牧草生长的影响[J].四川林业科技,2006,27(2):72—76.

[24]云岚,付强,云锦凤.施肥对新麦草饲草产量和再生性的影响[J].内蒙古草业,2008,20(3):1—3.

[25]何玮,范彦,王琳等.饲用玉米新材料——玉米草 SAUMZ1 在重庆地区的生产性能评定[J].草业与畜牧,2008,145(12):15—18.

[26]韩永芬,孟军江,左相兵等.不同土壤不同种植方式普那菊苣的产量分析[J].草业科学,2009,26(11):102—105.

[27]何静,刘晓英,尚以顺等.一年生黑麦草在不同基肥条件下的生物量[J].草业与畜牧,2006,(12):17—18.

[28]许能祥,顾洪如,丁成龙等.追施氮对多花黑麦草再生产量和品质的影响[J].江苏农业学报,2009,25(3):601—606.

[29]顾洪如,李元姬,沈益新等.追施不同氮量对多花黑麦草干物质产量和可消化干物质产量的影响[J].江苏农业学报,2004,20(4):254—258.

[30]黄彩变,曾凡江,雷加强.留茬高度对骆驼刺生长发育和产草量的影响[J].草地学报,2011,19(6):948—953.

[31]李晶,杨猛,庄文峰等.刈割对不同密度小黑麦东农 5305 产量及再生营养的影响[J].作物杂志,2009,1:73—77.

[32]王海洋,杜国祯,任金吉.种群密度与施肥对垂穗披碱草刈割后补偿作用的影响[J].植物生态学报,2003,24(4):477—483.

[33]Olson B E,Wallander R T. Biomass and carbohydrates of spotted knapweed and Idaho fescue af ter repeated grazing[J]. J Range Manage,1997,50:409—412.

[34]Ward C Y,Blaster R E. Carbohydrate food reserves and leaf area in regrowth of orchadgrass[J]. Crop Sci,1961,(1):366—370.

[35]Buwai M,Trlica M J. Multiple defoliation effects on he rbage yield,vigor,and total nonst ructural carbohydrates of five range species

[J]. J Range Manage,1977,30:164－171.

　　[36]白可喻,赵萌莉,卫智军等.贮藏碳水化合物在植物不同部位分布的研究[J].内蒙古草业,1995,3(4):53－54.

　　[37]Mckell C M. Yield survival and carbohydrate reserve of hard grass in relation to herbage removal[J]. J Range management,1966,9(2):35.

　　[38]许志信,巴图朝鲁,卫智军等.牧草再生与贮藏碳水化合物含量变化关系的研究[J].草业科学,1993,2(4):13－18.

　　[39]温方,孙启忠,陶雅.影响牧草再生性的因素分析[J].草原与草坪,2007,120:73－77.

　　[40]Davies A. Carbohydratelevels and regrowth in perennia ryegrass[J]. Journal of Agricultural Science,1965,65:213－22.

　　[41]Smith L H,Marten G C. Foliar regrowth of alfalfa utilizing 14C-labeled carbohydrates stored in roots[J]. Crop Sci,1970,10:146－150.

　　[42]Feltner K C,Massengale M A. Influence of temperature and harvest management on growth,level of carbohydrates in roots,and survival of alfalfa[J]. Crop Sci,1965,(5):585－588.

　　[43]Hoshino,A.,Tamura,K.,Fujimaki,H.,Asano,M.,Ose,K.,Higashi,T. Effects of crop abandonment and grazing exclusion on available soil water and other soil properties in a semi-arid Mongolian grassland[J]. Soil & Tillage Research,2009,105:228－235.

　　[44]Quiroga,A.,Fernàndez,R.,Noellemeyer,E. Grazing effect on soil properties in conventional and no-till systems[J]. Soil & Tillage Research,2009,105:164－170.

　　[45]Thiébeau,P.,Beaudoin,N.,Justes,E.,Allirand,J. M.,Lemaire,G. Radiation use efficiency and shoot:root dry matter partitioning in seedling growths and regrowth crops of lucerne(Medicago sativa L.)after spring and autumn sowings[J]. European Journal of Agronomy,2011,35:255－268.

　　[46]Furet,P. M.,Berthier,A.,Decau,M. L.,Morvan-Bertrand,A.,Prud'homme,M. P.,Noiraud-Romy,N.,Meuriot,F. Differential regulation of two sucrose transporters by defoliation and light conditions in perennial ryegrass[J]. Plant Physiology and Biochemistry,2012,61:88－96.

　　[47]Suzuki M. Effects of stand age on agronomic,morphological and chemical characteristics of alfalfa[J]. Can J Plant Sci,1991,71:445－452.

[48]Smith S R,Bouton J H,Hoveland C S. Persistence of alfalfa under continous grazing in pure stands and in mixtures with tall fescue[J]. Crop Sci,1992,32:1259-1264.

[49]李志华,沈益新,王槐三等.早春赤霉素处理对多花黑麦草生长及再生的影响初报[J].草业科学,2002,19(7):30-32.

[50]张国发,丁艳锋,王强盛等.赤霉素、施肥量、留茬高度对香根草生长习性的影响[J].作物杂志,2003,2:21-23.

[51]肖艳云,杨恒山,刘晶等.紫花苜蓿喷施生长素效应的研究[J].草原与草坪,2006,119(6):43-45.

[52]黄顶,王堃.典型草原常见牧草春季萌动期可溶性糖及内源激素动态研究[J].应用生态学报,2006,17(2):210-214.

[53]Zhao W,Chen S P,Lin G H. Compensatory growth responses to clipping clipping in Leymus chinensis(Poaceae)under nutrient addition and water deficiency conditions[J]. Plant Ecol,2008,139:133-144.

[54]孙学钊,梁祖铎.变换留茬高度对多年生黑麦草再生长产量品质的影响[J].草业科学,1991,8(4):63-68.

[55]顾梦鹤,王涛,杜国桢.刈割留茬高度和不同播种组合对人工草地初级生产力和物种丰富度的影响[J].西北植物学报,2011,31(8):1672-1676.

[56]韩龙,郭彦军,韩建国等.不同刈割强度下羊草草甸草原生物量与植物群落多样性研究[J].草业学报,2010,19(3):70-75.

[57]张瑞珍,张新跃,何光武等.不同刈割高度对多花黑麦草产量和品质的影响[J].草业科学,2008,25(8):68-71.

[58]杨培昌,陈兴才,匡崇义.楚雄州引种紫花苜蓿品种的研究初报[J].草业与畜牧,2008,(5):4-7.

[59]樊江文.红三叶再生草的生物学特性研究[J].草业科学,2001,18(4):18-22.

[60]何峰,李向林,万里强.生长季降水量和刈割强度对羊草群落地上生物量的影响[J].草业科学,2009,26(4):28-32.

[61]景媛媛,鱼小军,徐长林等.刈割次数对天祝高寒草甸醉马草的影响[J].草原与草坪,2014,34(4):47-51.

[62]于井瑞,张继林,李瑞英.沙化干旱地区苜蓿引种试验[J].内蒙古农业科技,2008,(5):47-48.

[63]刘颖,王德利,韩士杰等.放牧强度对羊草草地植被再生性能的影响[J].草业学报,2004,13(6):39-44.

[64]张荣华,安沙舟,杨海宽等.模拟放牧强度对针茅再生性能的影响[J].草业科学,2008,25(4):141—144.

[65]Song,L.,Li,F. M.,Fan,X. W.,Xiong,Y. C.,Wang,W. Q.,Wu,X. B.,Turner,N. C. Soil water availability and plant competition affect the yield of spring wheat[J]. Europ Journal of Agronomy,2009,31:51—60.

[66]Ercoli,L.,Lulli,L.,Mariotti,M.,et al. Post-anthesis dry matter and nitrogen dynamics in durum wheat as affected by nitrogen supply and soil water availability[J]. Europ Journal of Agronomy,2008,28:138—147.

[67]Lee,J. M.,Donaghy,D. J.,Sathish,P.,Roche,J. R. Interaction between water-soluble carbohydrate reserves and defoliation severity on the regrowth of perennial ryegrass(Lolium perenne L.)-dominant swards[J]. Grass and Forage Science,2009,64:266—275.

[68]Ruan,Y. F.,Hu,Y. C.,Schmidhalter U. Insights on the role of tillering in salt tolerance of spring wheat from detillering[J]. Environmental and Experimental Botany,2008,64:33—42.

[69]Zhao,W.,Chen,S. P.,Han,X. G.,Lin,G. H. Effects of long-term grazing on the morphological and functional traits of Leymus chinensis in the semiarid grassland of Inner Mongolia,China[J]. Ecol Res,2009,24:99—108.

[70]Ma,S. C.,Li,F. M.,Xu,B. C.,Huang,Z. B. Effect of lowering the root/shoot ratio by pruning roots on water use[J]. Field Crops Research,2010,115:158—164.

[71]刘瑞显,陈兵林,王友华等.氮素对花铃期干旱再复水后棉花根系生长的影响[J].植物生态学报,2009,33(2):405—413.

[72]闫永銮,郝卫平,梅旭荣等.拔节期水分胁迫—复水对冬小麦干物质积累和水分利用效率的影响[J].中国农业气象,2011,32(2):190—195.

[73]Hessini K,Martínez J P,Gandour M,et al. Effect of water stress on growth,osmotic adjustment,cell wall elasticity and water-use efficiency in Spartina alterniflora[J]. Environ Exp Bot,2009,67:312—319.

[74]夏景新,Hodgson J,Matthew C 等.多年生黑麦草草地生态系统中放牧强度对草地结构及组织转化的影响[J].应用生态学报,1995,6:23—28.

[75]朱琳,黄文惠,苏加楷.不同放牧强度对多年生黑麦草-白三叶草地叶片数量特征的影响[J].草地学报,1995,3:297—304.

[76]宝音陶格涛,李艳梅,贾建芬等.牧压梯度下冷蒿有性繁殖器官变化特征的观察分析[J].内蒙古大学学报(自然科学版),2000,31:311－313.

[77]张红梅,赵萌莉,李青丰等.放牧条件下大针茅种群的形态变异[J].中国草地,2003,25:13－17.

[78]Barthram G T. Shoot characteristics of Trifolium repens grown in association with Lolium perenne or Holcus lanatus in pastures grazed by sheep[J]. Grass and Forage Science,1997,52:336－339.

第2章　羊草再生对过度放牧和刈割的生理生态响应

2.1　试验区和研究材料概述

2.1.1　试验区概况

内蒙古草原是我国北方地区最大的干旱半干旱草原,东起东北平原大兴安岭,西至鄂尔多斯高原,拥有草地面积 7880 万 hm²,占国土草地面积的 70% 左右,为现有耕地面积的 10 倍,是我国北方尤其是北京最重要的生态屏障。内蒙古草原 80% 以上的面积分布在降水量不足 400 mm 的干旱半干旱地区,植物种类较少,生态系统稳定性差,易于退化沙化,整体生态环境非常脆弱。近几十年来,由于草地利用方式不合理,注重利用而忽视保护,加上人口的急剧增加,对草地资源进行掠夺式的开发,滥垦草地,过度放牧,粗放经营,再加上气候干旱,草地退化沙化程度非常严重。根据最新的草原资源调查结果,内蒙古草原总面积为 7491.85 万 hm²,与 80 年代(面积为 7880.45 万 hm²)比,减少了 5%;与 60 年代(8495.27 万 hm²)相比,近 40 年草原面积总体上减少了 11.8%。目前全区草原退化、沙化、盐渍化面积达到 4678.8 万 hm²。与 80 年代退化的 39% 相比,已经占到全区草原面积的 63%(宝祥等,2005)。近些年来,北方地区频繁发生的沙尘暴,与内蒙古草原的重度退化有直接的关系,严重影响了北方大部地区的畜牧业生产和农牧民的生活,威胁着津京地区的生态安全。

内蒙古草原退化的因素多种多样,包括自然因素(如长期干旱、风蚀、虫鼠害等)和人为因素(如过度放牧、重度刈割、滥垦、开采矿物等),这些因素往往交互作用、互相促进,互为因果(张自和,1995;许志信等,2000;李金花等,2004)。对于内蒙古草原退化的主要原因有多种解释。李银鹏等(2004)对内蒙古草原生产力资源和载畜量的区域尺度模式评估指出,内蒙古草原总的地上生产力为 7.7×10^{10} 公斤/年,可食地上生物量为 5.0×10^{10} 公斤/年,典型草原和草甸草原占了大部分的生产力。据此推算出内蒙古地区总的载畜量应为 4.6×10^7 羊单位,与 1997 年实际载畜量比较,超载 100%。因而,过度放牧可能是内蒙古草原大面积退化沙化的主要原因,甚至超过气候变化的影响。而许志信等(1997)认为,草原退化导致气候变干,降水量减少,气温上升,从而导致草原环境条件继续恶化。李镇清等(2003)也认为,近 20 年来,中国科学院内蒙古草原生态系统定位研究站所在地区有变暖的趋势,冬季增温尤为明显。根据模型计算的净第一性生产力与在羊草样地实测的地上生物量值自 1993 年以后有明显的下降趋势。冬季增温使该地区春季干旱进一步加剧,并使典型草原的生产力下降。但多数的观点倾向于人为因素使草原生产力大幅度下降,表现在人口激增、超载过牧、草原资源利用不合理等(贾峰等,2003;李金花等,2004;孟淑红等,2004)。

放牧是草地利用的主要方式,而过度放牧是草地退化的重要原因(李银鹏等,2004)。过度放牧使内蒙古草地的植被、土壤状况不断趋于恶化。由于过度放牧,草地植物正常的生理生态特性受到影响,光合作用能力、养分吸收利用能力、繁殖更新能力降低;草地植物的地上地下生物量减少,草地的生产力降低;土壤肥力不断下降,风蚀水蚀加大;草地的生物多样性降低,草原生态系统稳定性下降;草地生态系统向退化方向演替,生态功能减退,结果就是大面积的沙化。

过度放牧使内蒙古草原植被、土壤不断趋于恶化。由于过度放牧,植物地上地下生物量降低,植物根系明显向表层聚集(王艳芬等,1999)。放牧条件下,由于土壤种子库中一些重要物种的缺失或数量很少以及极不均匀的分布,可能降低退化克氏针茅草原的自然恢复速度(詹学明等,2005)。放牧破坏地表植被后,表土层水分入渗速度增加,表土层和心土层的土壤温度的变化加剧,使土壤表层(0~20 cm)的含水量下降(佟乌云等,2000)。羊草群落在干旱(小于 300 mm)和重度放牧(2/3 采食)情况下,处于碳素净释放状态,肥力不断下降(李凌浩等,2004)。草原严重退化的最终结果是生物多样性丧失和大面积的沙化。

1. 野外试验样地

试验区位于中国科学院内蒙古草原生态系统定位研究站,地处锡林河流域,E 116°40′40″,N 43°32′45″,海拔 1250~1280 m,温带半干旱大陆性季风气候。大于等于 0℃的年积温为 2 497℃,年平均气温在-1.1℃~0.2℃之间,气温年较差和日较差较大。最冷月 1 月的平均气温为-21.4℃,最热月 7 月平均气温为 18.5℃。年平均日照总时数达 2 618 h,日照充分。无霜期约为 100 天。过去 20 年的平均降水量为 350 mm,主要集中在 6月至 8 月,占全年降水量的 80% 左右。年平均蒸发量 1 700 mm,为年平均降雨量的 5 倍。地带性土壤为暗栗钙土(姜恕,1988;陈佐忠,1988;贾丙瑞等,2005)。这种寒冷干旱的大陆性气候是形成以草原植被为主体,耐低温和干旱草本植物为主导成分的植物区系的基本生态条件(刘书润等,1998)。

　　样地选在中国科学院内蒙古草原生态系统定位研究站长期样地内。一个是围封样地,1979 年开始围封,面积约为 600×400 平方米的天然草地,没有割草和放牧等人为干扰,从 1980 年开始作为自然生长状态下的长期科学监测用草地。土壤类型为暗栗钙土,主要植物有大针茅、羊草、西伯利亚羽茅、糙隐子草等。另一个样地是过度放牧样地,与围封样地相邻,是当地牧民承包并长期放牧的一片天然草地。过度放牧样地距离围封样地约 500 m,距离最近的牧户家约 1 000 m。草地的总面积为 230 公顷,属于 4 户牧民,总共放养着 650 只绵羊和山羊。放牧方式为自由放牧。

　　2. 控制试验地点

　　试验地点位于中国科学院植物研究所多伦恢复生态学试验示范研究站,E 116°41′,N 42°27′,海拔 1 380 m,中温带半干旱大陆性气候,北方典型的农牧交错带区域。大于等于 10℃ 的年积温为 1 918℃。月平均气温从 1 月的 −18.3℃ 到 7 月的 18.5℃,年平均温度 1.6℃,无霜期 100 天。年平均降雨量为 385.5 mm,集中在 6 月至 8 月,占全年降水量的 80% 左右。地带性土壤为栗钙土,土壤有机碳平均含量为 24.5 g·kg^{-1},全氮 2.49 g·kg^{-1}。土壤平均 pH 为 6.92。植被特征是克氏针茅为建群种(Stipa krylovii),羊草为优势种,还有其他一些伴生种(表 2.1)。试验地点位于中国科学院植物研究所多伦恢复生态学试验示范研究站站内。

表 2.1　围封样地和过度放牧样地的植被组成情况

Table 2.1　Vegetation compositions in the ungrazed and overgrazed plots

优势植物种 —围封样地 Dominant grass species —Ungrazed plot	株高 Height （cm）	生物量 Biomass （g）	优势植物种 —过度放牧样地 Dominant grass species —Overgrazed plot	株高 Height （cm）	生物量 Biomass （g）
羊草 *Leymus chinensis*	43.8±3.4	13.8±1.8	羊草 *Leymus chinensis*	13.8±1.0	11.1±0.7
米氏冰草 *Agropyron michnoi*	34.1±2.1	10.9±5.0	米氏冰草 *Agropyron michnoi*	11.0±0.7	3.4±2.7

续表

优势植物种 一围封样地 Dominant grass species 一Ungrazed plot	株高 Height （cm）	生物量 Biomass （g）	优势植物种 一过度放牧样地 Dominant grass species 一Overgrazed plot	株高 Height （cm）	生物量 Biomass （g）
西伯利亚羽茅 *Achnatherum* *sibiricum*	60.0±4.1	67.6±14.9	西伯利亚羽茅 *Achnatherum* *sibiricum*	10.4±1.0	5.7±1.2
糙隐子草 *Cleistogenes* *squarrosa*	26.5±1.9	24.2±5.2	糙隐子草 *Cleistogenes* *squarrosa*	5.4±0.4	5.3±1.2
洽草 *Koeleria cristata*	22.4±1.3	7.9±2.5	洽草 *Koeleria cristata*	6.5±1.0	0.4±0.1
早熟禾 *Poa pratensis*	66.9±3.8	2.9±0.6	早熟禾 *Poa pratensis*	16.3±1.9	0.4±0.1
黄囊苔草 *Carex korshinskyi*	28.8±1.6	24.1±8.0	黄囊苔草 *Carex korshinskyi*	9.1±1.1	17.6±3.9
细叶葱 *Allium* *tenuissimum*	30.8±2.8	2.3±0.5	猪毛菜 *Salsola collina*	12.2	<0.02
猪毛菜 *Salsola collina*	13.0	<0.1	大针茅 *Stipa grandis*	22.3±0.6	32.1±4.5
大针茅 *Stipa grandis*	66.5±4.1	34.8±6.0	双齿葱 *Allium* *bidentatum*	8.7±1.1	0.7±0.3
黄花葱 *Allium* *condensatum*	30.3±3.3	1.9±0.7	射干鸢尾 *Iris dichotoma*	13.0±0.2	<0.02
野韭 *Allium ramosum*	27.8±2.4	0.36±0.1			

续表

优势植物种 一围封样地 Dominant grass species —Ungrazed plot	株高 Height （cm）	生物量 Biomass （g）	优势植物种 一过度放牧样地 Dominant grass species —Overgrazed plot	株高 Height （cm）	生物量 Biomass （g）
冷蒿 *Artemisia frigida*	24.6±2.6	3.6±1.3			
麻花头 *Serratula centauroides*	19.5±0.5	2.3±1.0			
小叶锦鸡儿 *Caragana microphylla*	28.3±	10.3±3.5			
星毛萎陵菜 *Potentilla acaulis*	5.0±0.3	3.0±0.8			
菊叶萎陵菜 *Potentilla tanacetifolia*	5.8±0.9	0.2±0.2			
二裂萎陵菜 *Potentilla bifurca*	19.6±2.1	2.5±0.4			
瓣蕊唐松草 *Thalictrum petaloideum*	18.5	<0.2			
轴藜 *Axyris amarantoides*	8.9±0.8	<0.2			
灰绿藜 *Chenopodium glaucum*	6.0	<0.01			
防风 *Saposhnikovia divaricata*	19.5±3.9	0.7±0.3			

续表

优势植物种 —围封样地 Dominant grass species —Ungrazed plot	株高 Height （cm）	生物量 Biomass （g）	优势植物种 —过度放牧样地 Dominant grass species —Overgrazed plot	株高 Height （cm）	生物量 Biomass （g）
草芸香 *Haplophyllum dauricum*	18.5±3.5	1.0±0.1			
刺穗藜 *Chenopodium aristatum*	5.5±0.5	<0.2			
双齿葱 *Allium bidentatum*	13.8±3.8	0.4±0.2			
披针叶黄华 *Thermopsis lupinoides*	12	<0.2			
小花花旗竿 *Dontostemon micranthus*	35.6±1.7	1.2±0.3			
柔毛蒿 *Artemisia pubescens*	8.7±1.8	0.4±0.2			
草芸香 *Haplophyllum dauricum*	18.5±3.5	1.0±0.6			
扁蓄豆 *Medicago ruthenica*	9.0	<0.01			
木地肤 *Kochia prostrata*	11.3±1.5	1.4±0.6			

2.1.2 野外试验样地植被状况

锡林河流域植被以草原为主,占流域总面积的 89%。主要区系成分为达乌里-蒙古种,旱生草本植物为主。该流域共有种子植物 629 种,分属于 74 科,291 属。其中裸子植物有 4 属,6 种;被子植物有 287 属,623 种(刘书润等,1998)。本研究所在的典型羊草草原主要的植被类型有羊草、大针茅、丛生禾草等。羊草草原群落是本地区分布最广的草原类型,群落内的植物种类组成比较丰富。根据 2004 年 8 月 10 个 1×1 m 样方的初步统计(站内监测数据),调查区围封 25 年的羊草草原植物种类多达 30 种,自由放牧样地的物种组成单一,仅 10 余种(表 2.1)。

由于多年的围封禁牧,围封样地羊草群落的植物组成比较稳定,植被盖度大,物种丰富,生物产量也维持在较高的水平。但长期的不利用也使凋落物大量积累。而自由放牧样地相反,物种丰富度、植被盖度和生物产量均显著降低。但两样地植物分布的均匀度差异不大。

2.1.3 研究材料概述

1.植物学特性

羊草(Leymus chinensis(Trin.)Tzevel.)为禾本科多年生草本植物,具有非常发达的地下横走根茎,分布在地表 10 cm 左右,根茎节分枝较多(Wang et al.,2004;祝廷成,2004)。羊草根系深度可达 $1.0 \sim 1.5$ m,但大部分根系主要分布在 20 cm 以上的土层中。羊草的根茎通常呈直线型伸长,顶端芽具有较强的穿透力。茎秆直立,呈疏丛状散生,具 $4 \sim 5$ 节,叶鞘平滑,基部残留叶鞘呈纤维状,枯黄色;叶舌截平,顶端具齿裂,纸质,叶片长 $7 \sim 18$ cm,宽 $3 \sim 6$ mm,扁平或内卷,上面及边缘粗糙,下面较平滑。具 $3 \sim 7$ 节,株高 $50 \sim 100$ cm。穗状花序直立,长 $7 \sim 15$ cm,宽 $10 \sim 15$ mm,穗轴边缘具细小纤毛,节间长 $6 \sim 10$ mm,基部节间长可达 16 mm,小穗长 $10 \sim 22$ mm,含 $5 \sim 10$ 花,通常 2 枚生于一节,上部或基部者通常单生,粉绿色,成熟时变黄,小穗轴节间平滑,长 $1 \sim 1.5$ mm,颖锥状,等于或短于第一花,不覆盖第一外稃的基部,质地较硬,具不明显 3 脉,背面中下部平滑,上部粗糙,边缘微具纤毛;外稃披针形,具狭窄的膜质边缘,顶端渐尖或形成芒状小尖头,背部具不明显的 5 脉,基部平滑,第一外稃长 $8 \sim 9$ mm;内稃与外稃等长,先端常微 2 裂。花果期 $6 \sim 8$ 月。染色体 $2n = 28$。

2.生态学特性

羊草是欧亚大陆草原区东部草甸草原及干旱草原上的重要建群种之

一。分布在从北纬 36°到北纬 62°,东经 120°到 132°的广泛范围内。中国境内约占一半以上。此外,在朝鲜等地也有分布。分布于前苏联、日本、朝鲜和我国的东北三省、内蒙、河北、山西、陕西等省区,在新疆主要分布于北疆。生于平原绿洲的阔叶林区、田边、地埂及天山、准噶尔西部的草原带,海拔600～2 400 m。在我国内蒙古乃至蒙古、俄罗斯广阔的草原上,广泛分布着一种产量高、营养丰富的禾本科牧草,这种草耐践踏,耐放牧,绵羊、山羊特别爱吃,所以称之为羊草。说是羊草,但不光羊爱吃,而且几乎所有家畜,甚至老鼠、蝗虫等也都爱吃。

羊草抗寒、抗旱、耐盐碱、耐土壤瘠薄,适应范围很广。不仅可以形成单一优势的群落,而且可以作为亚优势种和伴生种组成不同的群落类型,分布在不同的生境中。多生长开阔平原、起伏的低山丘陵、河滩及盐碱低地。在冬季−40.5℃可安全越冬,在年降水量 250 mm 的地区生长良好。羊草喜湿润的沙壤质栗钙土和黑钙土,在 pH5.5～9.4 时皆可生长,最适 pH 为 6～8。在排水不良的草甸土或盐化土、碱化土中亦生长良好,但不耐水淹,长期积水会大量死亡。羊草在湿润年份,茎叶茂盛常不抽穗;干旱年份,草低叶短,能抽穗结实。早春返青早,生长速度快,秋季休眠晚,青草利用时间长。生育期可达 150 天左右。生长年限长达 10～20 年。在土壤肥沃,水热条件适宜的生境中,羊草植株叶片较多,叶面积大,分蘖多,生产力高,但抽穗少;在土壤贫瘠的生境中,羊草植株矮小,分蘖少,抽穗数增多。

羊草具有两种繁殖特性,有性繁殖和克隆繁殖。有性繁殖的幼苗叫实生苗,克隆繁殖的幼苗叫分蘖苗。羊草的克隆繁殖要比有性繁殖力强,根茎是主要的繁殖器官,分蘖节是重要的繁殖场所。地上地下同步扩展,拔节期单株羊草原上可形成 3～4 个分蘖株,地下可形成 2～3 条长度为20～30 cm 的根茎。羊草的分蘖芽有两种,一种叫分蘖节芽,另一种叫根茎芽。在有充分生长空间的新生境中,大多数的节间芽均可向上生长为新的分蘖株,少部分形成横向生长的新根茎,几乎没有休眠芽。在相对稳定的天然草原上,根茎节间芽很少发育为分蘖株或新根茎,大多处于休眠状态,主要靠分蘖节芽发育成新分蘖株来不断补充更新。羊草实生苗的定居十分重要,一旦定居便通过营养繁殖迅速扩展,不断改变其在群落中的地位和作用,向优势种或亚优势种的方向发展。

羊草对保护生态环境具有重要作用。羊草主要生长于草原地带,面对不同的生境条件表现出很强的生态适应性。多生于开阔草原、起伏的低山丘陵、河滩及盐碱地。羊草对土壤条件的要求不严格,在排水不良的草甸土或盐化土、碱化土中也能生长良好,但不耐水淹,长期积水会大量死亡。羊草是多年生根茎型草本植物,根茎发达,具有强烈的根茎分蘖能力,可向周围延伸,纵横交错,形成根网,使其他植物不易入侵,因此在同一地区羊草草原和其他草原类型相比,植物种类组成比较单纯,如在内蒙古和东北的羊草草原上植物种远不及俄罗斯贝加尔针茅草原和线叶菊草原的种类组成复杂。但由于羊草草原适应性强,生境类型复杂,群系内类型繁多,加之各地区各类型的伴生种区别都很大,所以就羊草群系来说,植物种类组成远超过其他草原类型,成为我国草原上种类组成最复杂的一个群系。羊草草原早春返青早,生长速度快,秋季休眠晚,生育期可达150天左右,生长年限长达10~20年,是防沙治沙的好品种。羊草还具有极强的抗碱性,是松嫩草原大面积碱性草地的优势种或建群种。

羊草在长期的自然演化过程中为了适应外界环境的变迁,形成了其特有的反应规律,表现为无性繁殖能力较强,而有性繁殖能力较弱,且在营养生长的同时进行生殖生长,就这样表现出根茎的快速生长与大量繁殖,而有性繁殖的种子产量很低,一般每亩平均只有10 kg左右。造成种子产量低的原因有两方面:意识羊草的生殖枝少,天然草地中的生殖枝仅占20%~30%左右;二是羊草的结实率低,一般只有12%~42%。

3. 经济价值

羊草草质好、叶量多、适合性好,是饲喂牲畜的优质禾草,鲜草或干草均为各类家畜喜食,有"牲口的细粮"之美称。羊草所含营养物质丰富,一般认为2.5 kg的羊草干草相当1 kg燕麦的营养价值,且气味芳香、适口性好、耐储藏,夏秋能抓膘催肥,冬季能补饲营养。牧民形容说:"羊草有油性,用羊草喂牲口,就是不喂料也上膘。"前人已对其营养成分已作了多方面的评价,包括粗蛋白、粗纤维、粗脂肪、无氮浸出物、粗灰分、钙、磷等。羊草花期前粗蛋白质含量一般占干物质的11%以上,分蘖期高达18.53%,羊草调制成干草后,粗蛋白含量仍能保持在10%左右,显著优于其他主要禾本科木草。且矿物质、胡萝卜素含量丰富,每千克干物质中含胡萝卜素49.5~85.87 mg。羊草产量高,增产潜力大,在良好的管理条件下,一般每公顷产干草3 000~7 500 kg,产种子150~375 kg。

羊草是内蒙古主要的牧草,亦为秋季收割干草的重要饲草,在自然环境中以无性繁殖为主,有性繁殖为辅,常形成大片的纯羊草群落,耐牧,再生能力强。羊草是上等优质饲草,春季返青早,生长期长;夏季茎叶繁茂,质地柔软;秋季秆不硬,可供冬贮。羊草根茎穿透侵占能力强,且能形成强大的根网,盘结固持土壤作用很大,是很好的水土保持植物。羊草的茎秆也是良好的造纸原料。其现为我国唯一作为商品而出口创汇的禾本科牧草。因此,羊草在发展草原畜牧业以及对保护生态环境方面具有举足轻重的地位。

参考文献

[1]宝祥,王晶杰.内蒙古草原现状与动态研究[J].内蒙古草业,2005,17:9—10.

[2]陈佐忠.锡林河流域地形和气候概况.草原生态系统研究(3)[M].北京:科学出版社,1988.

[3]贾丙瑞,周广胜,王凤玉等.放牧与围栏羊草草原土壤呼吸作用及其影响因子[J].环境科学,2005,26:1—7.

[4]贾峰,斯琴苏都.浅谈内蒙古草原生态环境现状及其保护对策[J].内蒙古环境保护,2003,15:65—67.

[5]姜恕.草原生态系统试验地的设置及其植被背景.草原生态系统研究(3)[M].北京:科学出版社.1988.

[6]李金花,潘浩文,王刚.内蒙古典型草原退化原因的初探[J].草业科学,2004,21:49—51.

[7]李银鹏,季劲钧.内蒙古草地生产力资源和载畜量的区域尺度模式评估[J].自然资源学报,2004,19:610—616.

[8]李镇清,刘振国,陈佐忠等.中国典型草原区气候变化及其对生产力的影响[J].草业学报,2003,12:4—10.

[9]李凌浩,李鑫,白文明等.锡林河流域一个放牧羊草群落中碳素平衡的初步估计[J].植物生态学报,2004,28:312—317.

[10]刘书润,刘仲龄.内蒙古锡林河流域植物区系纲要.草原生态系统研究(3)[M].北京:科学出版社.1988.

[11]孟淑红,杨生,天莹.内蒙古草地资源及草业发展现状、问题与对策[J].中国草地,2004,26:69—74.

[12]许志信,赵萌丽.内蒙古生态环境退化及其防治对策[J].中国草地,2000,5:59—63.

[13]许志信,白永飞.草原退化与气候变化[J].国外畜牧学(草原与牧草),1997,78:16—20.

[14]王艳芬,汪诗平.不同放牧率对内蒙古典型草原地下生物量的影响[J].草地学报,1999,7:198—203.

[15]佟乌云,陈有君,李绍良等.放牧破坏地表植被对典型草原地区土壤湿度的影响[J].干旱区资源与环境,2000,14:55:60.

[16]詹学明,李凌浩,李鑫等.放牧和围封条件下克氏针茅草原土壤种子库的比较[J].植物生态学报,2005,29:747—752.

[17]张自和.草原退化的后果及深层原因探讨[J].草业科学,1995,12：1—5.

[18]何冬梅.羊草的栽培与利用[J].当代畜禽养殖业,2004,(6)：32—33..

[19]贾慎修.中国饲用植物志1—6卷[M].北京：农业出版社,1987—1997.

[20]陈默君,贾慎修.中国饲用植物[M].北京：中国农业出版社,2002.

[21]姜汉侨,段昌群.植物生态学[M].北京：高等教育出版社,2004.

[22]徐柱.中国禾草书属志[M].呼和浩特：内蒙古人民出版社,1997.

[23]吴征镒.中国植被[M].北京：科学出版社,1983.

[24]章祖同.内蒙古草地资源[M].呼和浩特：内蒙古人民出版社,1990.

[25]陈世璜.内蒙古植物根系类型[M].呼和浩特：内蒙古人民出版社,1986.

[26]武保国.羊草[J].牧草园地,2003,10：28.

[27]陈山.中国草地饲用植物资源[M].沈阳：辽宁民族出版社,1994.

[28]张玉平.锡林郭勒草原牧草种质资源的研究[D].呼和浩特：内蒙古师范大学,2003.

[29]许运天,董玉琛.作物品种资源[M].北京：辽宁民族出版社,1994.

[30]陈山.锡林郭勒草原饲用禾草(牧草种质资源考察专号1)[M].呼和浩特：中国农业科学院草原研究所,1983.

[31]廖国藩,贾幼陵.中国草地资源[M].北京：中国科学技术出版社,1996.

2.2　放牧对羊草根系及土壤质量的影响

2.2.1　引　言

在草原生态系统中,土壤是生境-牧草-家畜相互作用的产物,牧草和家畜的载体,植物和家畜营养的重要供给源和生物生产最重要的基质。另外,土壤状况还反映着放牧生态系统的历史和未来发展趋势(高英志等,2004;侯扶江等,2006)。植物的根叶是一个有机的整体,草原生态系统中家畜对茎叶的采食必然会影响到其根系,从而会对土壤生态系统的结构和功能,以及土壤系统中的许多生命活动和物质交换过程产生间接的影响。从放牧与牧草根系的角度,来分析土壤生态系统对放牧的响应,以及对牧草再生的影响,将有助于正确认识放牧强度与草原生态系统可持续利用。

放牧主要影响着表层土壤的理化性质(Greene et al.,1994)。许多研究认为,随着放牧强度和频度的增强,牲畜对土壤的压实作用愈来愈大,土壤的紧实度逐渐增加,表现在土壤容重增加(Jia et al.,1999;Melinda et al.,2002)。家畜践踏除增加土壤紧实度之外,还降低了土壤孔隙度,引起土壤透水性、透气性和导水率下降(Proffitt et al.,1995;Niu et al.,1999;张蕴薇等,2002)。土壤上层紧实度增加,水分难以下渗,就会影响到植物根系生长(Greenwood and Mcnamara,1992),最终造成土壤养分大量流失(Nguyen et al.,1998)。草食动物的践踏作用,使得植物残体变得破碎,植物盖度下降,造成土壤表面温度增加,这些环境因素的变化有利于植物残体的分解,加速了草地养分的循环过程(Hofstede,1995)。许多的研究认为,放牧使土壤的有机质显著降低,增加了土壤 CO_2 的释放量(Bauer et al,1987;李凌浩等,2004;李明峰等,2005),但也有研究认为放牧对土壤有机质影响很小或没有影响(Keller and Goldstein,1998),甚至增加(Sehuman et al.,1999)。这些不一致的结果表明放牧和土壤有机质之间存在复杂的相互关系,土壤有机质对放牧的响应受到多种因素的影响,包括植被和土壤状况、水分和温度等环境因素以及放牧历史等(高英志等,2004)。

在草原生态系统中,土壤中有效性氮素是初级生产力最主要的限制性资源之一(Mooney et al,1987)。适度放牧有利于提高氮的循环速率及可利用率(Romulo et al,2001),但随放牧强度增加,土壤中全氮含量降低(Dormanr et al,1990;Frank et al,1995;张蕴薇等,2005)。植物对土壤水既有蒸腾的消耗作用,又降低地表蒸发的保护作用,过度放牧破坏地表植被后必定会引起土壤水平衡的变化,使土壤表土层含水量下降(佟乌云等,2000)。半干旱草原的长期放牧导致了水、氮和其他土壤营养物质在时间和空间上的异质性的增大(Cross and Schlesinger,1999),影响着植物生长的生理状态,进而影响到植物的生物产量。

植物的叶片内具有较高的营养价值,含有较多水分,而粗纤维较少,适口性好,因而通常是家畜采食的主要对象。当叶片被采食掉后,植物会表现出生理上的反应,自动调节补偿性的生长。但是频繁和高强度的放牧条件下,植物不能很快恢复原来的状态,就要产生形态解剖上的长时限变化,这对于保证植物的补偿性生长具有十分重要的意义(夏景新等,1996)。长期放牧使多年生丛生植物高度降低,个体形态出现小型化,而根茎植物会增加萌蘖枝条数,还有一些植物则由直立变为匍匐(李永宏等,1999;张红梅等,2003)。放牧使一些植物节间宽度缩短,来避免家畜的采食(Barthram,

1997;巴雷等,2003;汪诗平,2004)。放牧促进牧草无性繁殖,不利于有性生殖。放牧可促进羊草分蘖节再生、存活并且产生较多的向上生长的芽,削弱根茎的延伸(杨允菲等,1998)。持续放牧显著降低了建群种和优势种的密度、高度、盖度,不利于根茎禾草的营养繁殖(卫智军等,2003)。随着放牧压力的增大,一些植物种群的优势地位逐渐消失(汪诗平等,1998)。

本试验的目的在于,通过测定放牧样地和围封样地土壤的理化特性,可以反映土壤养分、水分状况在放牧条件下的变化规律,这些变化又如何影响羊草的叶片再生特性与根系生物量变化。通过比较放牧与不放牧条件下羊草形态特征和生物量分配变化,反映羊草如何通过根系变化响应放牧干扰。

2.2.2 材料与方法

1. 土壤容重测定

采用环刀法。2005 年 7 月,在中科院草原定位站 1979 年羊草围封样地和围栏外的放牧样地,分别选择五处草丛不太密集的空地,将内壁稍涂有凡士林的 $100\ cm^3$ 环刀向下垂直压入土中 10 cm 深,然后小心取出环刀,将环刀内的土壤装入铝盒内带回实验室准备土壤容重的测定(表 2.2)。将所带回土样放入烘箱中,在 105℃温度下连续烘 24 小时至恒重,然后用电子天平称出干土重。土壤容重的计算公式为:

$$土壤容重(g/cm^{-3}) = \frac{环刀内干土重(g)}{环刀容积(cm^3)}$$

表 2.2 羊草围封样地和过度放牧样地 0—10 cm 的土壤容重

Table 2.2 The soil bulk density within 0—10 cm soil depth in the ungrazed and overgrazed plots

	围封样地 Ungrazed plot	过度放牧样地 Overgrazed plot
土壤类型 Soil type	暗栗钙土	暗栗钙土
测定土壤深度 Soil depth(cm)	0—10	0—10
土壤容重 Bulk density(g·cm^{-3})	1.2±0.2	1.3±0.1[ns]

2. 土壤有机碳和全氮的测定

分别在 1979 年羊草围封样地和围栏外的放牧样地,分别选择十处草丛不太密集的空地,用土钻打十个 100 cm 深的钻孔,分别按 0~5 cm,5~10 cm,10~20 cm,20~40 cm,40~60 cm,60~80 cm 和 80~100 cm 等不同层次取土壤混合样,挑去其中的草根石块,风干分装,然后带回实验室测定土壤有机碳和全氮含量。土壤样品风干后用研钵磨碎,过 100 目(0.15 mm)筛待测。

土壤有机碳的测定用重铬酸钾容量法-外加热法(鲍士旦,2000)。将过筛的土壤 0.1～1.0 g 放入一个干燥的玻璃试管中,用移液管准确加入 0.800 0 mol·L^{-1}(1/6 重铬酸钾)标准液 5 mL,用注射器加入浓硫酸 5 mL 充分摇匀,管口盖上弯颈小漏斗,以冷凝蒸出的水汽。将 10 个试管放入 170～180℃的油浴锅中,待试管内液体沸腾产生气泡时开始计时,煮沸 5 分钟,取出试管,擦净试管外油液。冷却后将试管内液体倒入 250 mL 三角瓶中,用蒸馏水洗净试管内部和小漏斗,三角瓶内的溶液总体积大约为 60～70 mL。然后加入 2-羟基代二苯胺指示剂 12～15 滴,此时溶液呈棕红色。用标准的 0.2 mol·L^{-1}的硫酸亚铁滴定,滴定过程中不断摇动内容物,直至溶液的颜色由棕红色经紫色变为暗绿色,即为滴定终点。记录硫酸亚铁的滴定毫升数。每一批样品测定的同时,进行 2 个空白试验,即取 0.5 g 粉状二氧化硅代替土样,其他过程相同。计算结果如下:

$$土壤有机碳(g \cdot kg^{-1}) = \frac{5c/V_0 \times (V_0 - V) \times 10^{-3} \times 3.0 \times 1:1}{m} \times 10^3$$

式中 c 为 0.800 0 mol·L^{-1}(1/6 重铬酸钾标准溶液的浓度),5 为重铬酸钾标准溶液加入的体积(mL),V_0 为空白滴定用去硫酸亚铁溶液的体积(mL),V 为样品滴定用去硫酸亚铁溶液的体积(mL),3.0 为 1/4 碳原子的摩尔质量(g·mol^{-1}),10^{-3} 为将毫升换算为升,m 为土壤样品质量。

土壤全氮测定用凯氏定氮法(KDY-9820,Tongrun Ltd,China)。称 1.0 g 的过筛土样放入干燥的消煮管中,加入 5%高锰酸钾溶液 1 mL,摇动消煮管,缓缓加入 1∶1 硫酸 2 mL,摇动后放置 5 分钟。然后 2.0 g 混合加速剂(硫酸钾 100 g,硫酸铜 10.0 g,硒粉 1.0 g)。将消煮管放到电炉上消煮 4 个小时,让其充分反应。待消煮液冷却后直接放入凯氏定氮仪中进行蒸馏测量。在 150 mL 的锥形瓶中,加入硼酸指示剂 5 mL,蒸馏管口距液面 4～5 cm。定氮仪蒸馏室内为 10 mol·L^{-1} 的氢氧化钠溶液。待蒸馏到三角瓶中的液体体积为 50 mL 时,蒸馏完毕。用 0.01 mol·L^{-1}的硫酸标准溶液滴定蒸馏出的液体由蓝绿色至刚变为紫红色,记录滴定液的体积(mL)。计算结果如下:

$$土壤全氮(g \cdot kg^{-1}) = \frac{(V_0 - V) \times 10^{-3} \times c \times 14.0}{m} \times 10^3$$

V 为滴定试液所用酸标准溶液的体积(mL),V_0 为滴定空白所用酸标准溶液的体积,c 为 0.01 mol·L^{-1}(硫酸标准溶液浓度),14 为氮原子的摩尔质量(g·mol^{-1}),10^{-3} 为将毫升换算为升,m 为土壤样品质量。

3. 土壤含水量的测定

分别在 1979 年羊草围封样地和围栏外的放牧样地用土钻打十个 60 cm 深的钻孔,分别按 0~10 cm,10~20 cm,20~40 cm,40~60 cm 等不同层次取土壤混合样,迅速装入铝盒。带回实验室,立即称量湿土重,并于 105℃ 下 48 小时烘至衡重后称量干重,计算土壤含水量。

$$土壤含水量(\%) = \frac{湿土重(g) - 干土重(g)}{干土重(g)} \times 100\%$$

4. 羊草形态和种群特征的测定

2005 年 7 月,分别在 1979 年羊草围封样地和围栏外的放牧样地,沿一条 100 m 的样线,每隔 10 m 用 0.5×0.5 m 的样方,调查羊草的叶片宽度、叶片数、节间宽度、分蘖数等形态特征(表 2.3)。同时调查用拓印的方法求出羊草的叶面积(鲍雅静,2002)。然后将样方内所有的羊草齐地面剪下,将茎、叶、叶鞘等构件分别装入信封内,然后挖出根和根茎同时装入信封。将信封带回室内后 65℃ 下 48 小时烘干后,分别称重,计算羊草不同器官的生物量分配比例。2005 年 7 月,分别在 1979 年羊草围封样地和围栏外的放牧样地,沿一条 100 m 的样线,每隔 10 m 用 0.5×0.5 m 的样方,调查羊草单位面积的株高、密度、盖度,然后将样方内所有的植物和枯草剪掉并收集起来,将羊草单独分出,然后将羊草和其他植物、枯草带回实验室,65℃ 下 24 小时烘干称重,求出羊草单位面积的地上生物量。

表 2.3　围封和过度放牧样地羊草的叶片数、叶面积、节间和分蘖数等形态特征的变化

Table 2.3　Effect of overgrazing on the morphological traits of L. chinensis. The values are means and SE($n=10$). Significant difference between the two plots was indicated by the t-test result(* * :$P<0.01$；* :$P<0.05$).

	围封样地 Ungrazed plot	过度放牧样地 Overgrazed plot
叶片长 Leaf length(cm)	16.2±6.0	13.2±8.2*
单株羊草叶片数 Number of leaves per plant	5.8±0.8	2.8±0.8* *
单株羊草叶片重 Leaf mass per plant(g·DM)	0.43±0.03	0.12±0.02* *
单株羊草叶面积 Leaf area per plant(cm^2)	50.8±5.8	15.4±2.6* *
比叶面积 Specific leaf area(cm^2·g^{-1})	116.8±6.1	133.1±5.9*

	围封样地 Ungrazed plot	过度放牧样地 Overgrazed plot
平均节间宽度 Mean internodes width(cm)	1.9±0.3	1.1±0.2**
单株植物分蘖数 Number of tillers per plant	4.3±0.2	1.2±0.3**

数据处理用 SPSS 统计软件（SPSS Inc.，Chicago，IL，USA）。围封样地与放牧样地之间土壤有机碳、全氮、土壤含水量、叶长叶面积、分蘖数、节间宽度、生物量分配以及种群高度、盖度、密度、生物量等各项指标的显著性差异比较用 t 检验（t-test）。数据平均值之间的差异在 $P<0.05$ 或 $P<0.01$ 水平时为显著，在 $P>0.05$ 水平时为不显著。

2.2.3　结果与分析

1.过度放牧对土壤容重的影响

从表 2.2 可以看出，过度放牧样地的土壤容重均值高于围封样地；但方差分析表明，两样地容重间没有明显差异，即放牧对羊草放牧地土壤的紧实度（土壤容重）没有显著影响，围封样地和放牧样地内 0～10 cm 表层土壤的容重没有显著差异（$P>0.05$）。

2.过度放牧对土壤养分、水分含量的影响

从图 2.1 可以看出，放牧对羊草样地的土壤有机碳和全氮含量有显著的影响。过度放牧降低了 0～10 cm 表层土壤的有机碳含量，其显著低于围封样地（$P<0.05$），降低的幅度大约为 30%。而 10～40 cm 层次之间的土壤有机碳含量在放牧和围封样地却没有显著差异（$P>0.05$）。围封样地 40～100 cm 层次之间的土壤有机碳含量又显著高于过度放牧样地（$P<0.05$）。两个样地土壤的全氮含量随土壤深度的变化和有机碳的变化趋势相同（图 2.1）。与围封样地相比（图 2.2），过度放牧显著降低了羊草草地 0～10 cm 表层土壤含水量（$P<0.01$），降低的幅度约为 30%。而在 10～20 cm 的土层中两个样地的土壤含水量没有显著差异（$P>0.05$）。20 cm 深度以下，围封样地的土壤含水量要显著高于放牧样地（$P<0.05$）。

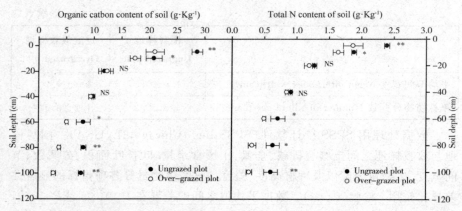

图 2.1　围封样地与过度放牧样地的土壤有机碳和全氮含量随不同土壤层次的变化

●:围封样地;○:过度放牧样地

Fig 2.1　Soil organic carbon content and total nitrogen contents at different soil depths in the ungrazed plot and overgrazed plots. The error bars represent the SE($n=$ 10). Significant difference between the two plots was indicated by the t-test result

（＊＊:$P<0.01$；＊:$P<0.05$；NS:no significant difference）.

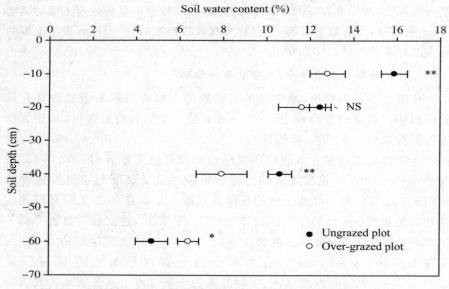

图 2.2　围封样地与过度放牧样地的土壤含水量随不同土壤层次的变化

●:围封样地;○:过度放牧样地

Fig 2.2　Soil water contents at different soil depths in the ungrazed and overgrazed plots. The error bars represent the SE($n=10$). Significant difference between the two plots was indicated by the t-test result

（＊＊:$P<0.01$；＊:$P<0.05$；NS:no significant difference）.

3. 过度放牧对羊草形态特征影响

从表 2.3 可以看出,过度放牧对羊草的形态特征产生了显著的影响。过度放牧样地羊草的叶片长度、单株羊草的叶片数量、叶片重量、叶面积和分蘖数均显著低于围封样地的羊草($P < 0.05$)。而放牧样地中羊草的比叶面积要显著大于围封样地($P < 0.05$)。此外,放牧还使羊草的节间宽度显著缩短($P < 0.01$)。

4. 过度放牧对羊草生物量分配的影响

过度放牧显著影响了羊草个体的生物量分配(表 2.4)。过度放牧样地羊草的叶片和叶鞘干重仅为围封样地的 38%,地上茎干重、根和根茎干重以及穗干重也有类似的变化规律,均显著低于围封样地,方差分析表明,差异达到极显著水平($P < 0.01$)。放牧条件下,羊草叶片、叶鞘和地上茎生物量所占比例显著下降了($P < 0.05$),却把更多的生物量分配到了地下的根系和根茎,并且分配比例显著大于围封样地的羊草($P < 0.01$)。虽然两个样地中羊草的生殖器官-穗生物量的分配很小,但过度放牧样地还是要显著小于围封样地($P < 0.01$)(表 2.4)。

表 2.4　过度放牧对羊草不同构件生物量及生物量分配的影响

Table 2.4　Effect of overgrazing on the biomass components and allocation of L. chinensis. The values are means and SE($n = 10$). Significant difference between the two plots was indicated by the t-test result(* * : $P < 0.01$; * : $P < 0.05$).

	围封样地 Ungrazed plot	过度放牧样地 Overgrazed plot
叶片和叶鞘重 Leaf and leaf sheath mass(gm^{-2})	22.4 ± 3.4	8.4 ± 0.3 * *
地上茎重 Shoot mass(gm^{-2})	10.4 ± 2.0	3.7 ± 0.4 * *
根和根茎重 Root and rhizome mass(gm^{-2})	28.4 ± 1.6	17.9 ± 1.4 * *
穗重 Inflorescence mass(gm^{-2})	0.88 ± 0.07	0.056 ± 0.01 * *
叶片和叶鞘分配比例 Leaf and leaf sheath mass allocation	0.34 ± 0.03	0.28 ± 0.03 *

续表

	围封样地 Ungrazed plot	过度放牧样地 Overgrazed plot
地上茎分配比例 Shoot mass allocation	0.16±0.02	0.12±0.01 *
根和根茎分配比例 Root and rhizome mass allocation	0.43±0.04	0.60±0.03 * *
穗分配比例 Inflorescence mass allocation	0.013±0.0002	0.002±0.0001 * *

5. 过度放牧对羊草种群特征的影响

从表 2.5 可以明显看出,过度放牧对羊草的种群特征有显著的影响。过度放牧样地羊草的平均高度仅为 12.7 cm,比围封样地的羊草平均高度低将近 30 cm;过度放牧羊草的密度也显著低于围封样地。可见家畜的过度采食影响到了羊草种群的个体发育,使得两样地羊草种群高度和密度差异达到极显著水平($P<0.01$)。同时,羊草作为最主要的建群种,放牧削弱了羊草在群落中的优势地位,因此羊草种群在群落中的盖度和地上生物量由于过度放牧而明显下降,围封样地羊草的盖度和地上生物量显著高于过度放牧样地($P<0.01$)。

表 2.5 过度放牧对羊草种群特征的影响

Table 2.5 Effect of overgrazing on the population traits of L. chinensis. The values are means and SE($n=10$). Significant difference in each variable between the two plots was indicated by the t-test result(* * : $P<0.01$; * : $P<0.05$).

	围封样地 Ungrazed plot	过度放牧样地 Overgrazed plot
高度 Population height(cm)	42.5±3.6	12.7±2.4 * *
密度 Population density(no. m^{-2})	37.5±6.2	25.4±3.1 * *
盖度 Coverage(%)	32.6±5.4	18.6±3.1 * *
地上生物量 Relative biomass(%)	32.6±3.7	12.1±0.8 * *

2.2.4　讨论

1. 土壤容重与土壤含水量

土壤容重是土壤紧实度的指标之一,它与土壤的孔隙度和渗透率密切相关。容重大小主要受到土壤有机质含量、土壤质地及放牧家畜践踏程度的影响(高英志等,2004)。通常认为,随着放牧强度和频度的增强,牲畜对土壤的压实作用愈来愈大,土壤容重增加(Jia et al.,1999;Melinda et al.,2002)。贾树海等(1999)研究认为,放牧压力对土壤容重的影响仅限于 $0\sim10$ cm 的土壤,且随放牧强度的增加而增加,尤其对 $0\sim5$ cm 土壤的影响最明显。土壤的容重不仅与家畜的压实作用有关,季节的冷暖冻融和不同土壤类型抗压性的差异,导致研究结果不尽相同。戎郁萍(2001)的研究结果表明,土壤表层容重仅在放牧后期重度放牧和封育草地间差异极显著,其他放牧梯度间差异不显著,主要是由于放牧对土壤容重具有累计作用,这与 Greenwood and Mcnamara(1992)的研究结果相同。有机质含量很低的沙质土壤中,超载过牧会导致有机质含量降低,土壤结构遭到破坏,而使得土壤容重反而降低(Franzluebbers,2000)。我们的试验结果表明,尽管过度放牧样地容重高于围封样地,但并未达到显著水平($P>0.05$),放牧并未显著增加土壤的容重。放牧地进行放牧的家畜主要是体形较小的绵羊和山羊,它们行走时蹄部对土壤还有一定的刨松作用。本研究的结果表明,过度放牧会明显降低土壤含水量,放牧样地与围栏样地相比土壤含水量下降了约 15% 左右。主要的原因可能在于,放牧导致植被覆盖率的大幅下降,不利于土壤水分的保持。

2. 土壤碳氮

与不放牧相比,放牧使土壤有机质显著降低,尤其对 $0\sim10$ cm 土层的影响最为显著(王玉辉等,2002),放牧也使土壤 $0\sim10$ cm 全氮含量显著降低(张蕴薇等,2005),这与我们的试验结果一致。但在 $10\sim20$ cm 的范围内,土壤的有机碳和全氮含量却没有差异,与前人同样降低的研究结果不同(张伟华等,2000;王玉辉等,2002;张蕴薇等,2005)。这可能与取样测定的时间和地点密切相关,不同生长阶段的植物对土壤养分的需求不同会使土壤有机碳和氮含量在时间上发生变化(戎郁萍等,2001)。但总体上,我们的研究结果表明过度放牧会使土壤的有机碳和氮含量下降。在我们的试验中,过度放牧样地的根系使地上生物量仅为围栏样地的 63%。这可以说明过度放牧移除了大量有光合能力的绿色茎叶,这会引起向根系输入有机物质的大量减少。因为大多数草地植物的根系分布在 $10\sim40$ cm 左右的土层中(李鹏等,2005),且在草原生态系统中,土壤碳氮含量提升的关键是向土壤中输入有机物质量的增加。

3. 放牧与再生

放牧强度和放牧地生境的变化对羊草再生具有复杂的影响。放牧家畜的采食和践踏强烈影响羊草的生长发育,使一些耐牧性植物如冷蒿(Artemisia frigida)、蔓委陵菜(Potentilla flagellaris)等的优势度增大,而羊草再生后的相对生物量和盖度则呈下降趋势(王仁忠等,1998),导致羊草种群沿放牧梯度行退化演替的趋势,这是植被及其生境发生变化的外部表现(王仁忠等,1995)。植物在部分去除叶片后,如果有充足的水分和养分,则使剩余的叶片的叶比重(单位叶面积干重)增加,从而增加了对光的吸收,加强了光合作用(原保忠,1998)。羊草在放牧条件下比叶面积的增加就是为了扩大光合叶面积,恢复正常生长。但是羊草的地上部分被采食后,为了尽快恢复叶片的再生,根系与茎基部组织的碳水化合物等养分迅速消耗,削弱了羊草地下生物量的积累,使根茎长度和根系分布范围减少。也有的研究认为,在放牧条件下,羊草把大部分的营养物质提供给根茎,增加分蘖数,以子代的数量增长来提高整个种群的再生与持续性生长的潜力(杨允菲,1998)。王仁忠(2000)的研究也表明了放牧制约了羊草种群无性繁殖和有性生殖的更新途径,表现在随放牧强度增加,无性繁殖体营养枝密度、根茎芽和生殖枝分化率等指标均显著下降。与比叶面积增加相同,羊草节间的缩短也是一种适应放牧的机制,可以使植物矮化,从而躲避家畜采食(Barthram,1997;汪诗平,2004)。我们的试验观察到,羊草在放牧条件下并没有增加分蘖,与围封样地相比,反而是显著降低的,原因是过度放牧使生存环境恶化,抑制了根茎芽的萌蘖(Davoes,1988)。

我们的试验结果还表明,过度放牧条件下羊草再生后的叶片长、叶片重,以及叶片数等均显著低于围栏条件下的叶片长、叶片重,以及叶片数等,而且过度放牧条件下羊草弹珠的叶片重仅为围栏条件下的28%,这在一定程度上说明,过度放牧不利于羊草的再生。主要原因在于过度放牧会造成土壤肥力状况的恶化,以及土壤水分含量的降低,因为良好的土壤水肥条件是植物生长的必要条件。可见,从根叶互作的角度,过牧所引起的土壤水肥状况的恶化,是影响羊草再生的关键性因素。

2.2.5 小结

围封样地和放牧样地内 0~10 cm 土壤的容重没有显著差异($P>0.05$),表明过度放牧对羊草放牧地表层土壤的紧实度,即对土壤容重没有显著影响。但是过度放牧却使表层土壤(0～10 cm)的有机碳、全氮和水分含量显著降低,使羊草草地的水肥条件恶化。放牧还显著的减少了单株羊草再生后的叶片数量和叶面积,使羊草分蘖芽减少,节间缩短。总之,从根叶互作的角度,过牧会严重抑制再生。

参考文献

[1]高英志,韩兴国,汪诗平.放牧对草原土壤的影响[J].生态学报,2004,24:790－797.

[2]侯扶江,杨中艺.放牧对草地的作用[J].生态学报,2006,26:244－264.

[3]张蕴薇,韩建国,杨富裕.华北农牧交错带地区放牧强度对草地土壤氮营养的影响[J].四川草原,2005,110:7－9.

[4]李凌浩,李鑫,白文明等.锡林河流域一个放牧羊草群落中碳素平衡的初步估计[J].植物生态学报,2004,28:312－317.

[5]李明峰,董云社,齐玉春等.温带草原土地利用变化对土壤碳氮含量的影响[J].中国草地,2005,27:1－6.

[6]佟乌云,陈有君,李绍良等.放牧破坏地表植被对典型草原地区土壤湿度的影响[J].干旱区资源与环境,2000,14:55－60.

[7]夏景新,常会宁,李志坚等。刈牧对牧草分生组织的影响及其与放牧管理的关系[J].中国草地,1996,4:63－68.

[8]李永宏,汪诗平.放牧对草原植物的影响[J].中国草地,1999,3:11－19.

[9]张红梅,赵萌莉,李青丰等.放牧条件下大针茅种群的形态变异[J].中国草地,2003,25:13－17.

[10]巴雷,王德利.羊草草地主要植物邻体干扰条件下构件形态特性比较[J].东北师大学报(自然科学版),2003,35:110－116.

[11]汪诗平.草原植物的放牧抗性[J].应用生态学报,2004,15:517－522.

[12]杨允菲.不同生态条件下羊草无性系种群分蘖植株年龄结构的比较研究[J].生态学报,1998,18:302－308.

[13]卫智军,高雅代,袁晓冬等.典型草原种群特征对放牧制度的响应[J].中国草地,2003,25:1－5.

[14]汪诗平,李永宏,王艳芬等.不同放牧率对内蒙古冷蒿草原演替规律的影响[J].草地学报,1998,6:299－305.

[15]Barthram G T. Shoot characteristics of Trifolium repens grown in association with Lolium perenne or Holcus lanatus in pastures grazed by sheep[J]. Grass and Forage Science,1997,52:336—339.

[16]Greene R S B,Kinnell P I A,Wood J T. Role of plant cover and stock trampling on runoff and soil erosion from semiarid wooded rangelands[J]. Australian Journal of Soil Research,1994,32:953—973.

[17]Melinda A W,Trlica M J,Frasier G W. et al. Seasonal grazing affects soil physical properties of a montage riparian community[J]. Journal of Range Management,2002,55:49—56.

[18]Proffitt A P B,Bendotti S,McGarry D. A comparison between continuous and controlled grazing on a red duplex soil. I. Effects on soil physical characteristics[J]. Soil and tillage Research,1995,35:199—210.

[19]Greenwood P B,Mcnamara R M. An analysis of the physical condition of two intensively grazed Southland soils[J]. Proceedings of the New Zealand Grassland Association,1992,54:71—75.

[20]Nguyen M L,Sheath G W,Smith C M. et al. Impact of cattle treading on hill lands soil physical properties and contaminant runoff[J]. New Zealand Journal of Agricultural Research,1998,41:279—290.

[21]Hofstede R G M. The effects of grazing and burning on soil and plant nutrient concentrations in Colombia Pdramo grasslands[J]. Plant and Soil,1995,173:111—132.

[22]Bauer A,Cole C V,Black A L. Soil property comparisons in virgin grasslands between grazed and nongrazed management systems[J]. Soil Science Society of America Journal,1987,51:176—182.

[23]Keller A A,Goldstein R A. Impact of carbon storage through restoration of drylands on the global carbon cycle[J]. Environmental Management,1998,22:757—766.

[24]Sehuman G E,Reeder J D,Manley J T. et al. Impact of grazing management on the carbon and nitrogen balance of a mixed-grass rangeland[J]. Ecological Applications,1999,9:65—71.

[25]Mooney H,Vitousek P M,Maston P A. Exchange of materials between terrestrial ecosystems and the atmosphere[J]. Science,1987,238:926—932.

[26]Romulo S C M,Edward T E,DavidW V. Stephen AW Catbon and nitrogan dynamics in elk winter ranges[J]. Journal of Range Management,

2001,54:400—408.

[27]Dormanr J F, Smoliak S, Willms W D. Distribution of nitrogen fractions in grazed and ungrazed rescue grassland Ah horizons[J]. Journal of Range Management,1990,43:6—9.

[28]Frank A B, Tanaka DL, Hofmann L. et al. Soil carbon and nitrogen of Northern Great Plains grasslands as influenced by long term grazing[J]. Journal of Range Management,1995,48:470—474.

[29]Cross A F, Schlesinger W H. Plant regulation of soil nutrient distribution in the northern Chihuahuan desert[J]. Plant Ecology,1999,145:11—25.

2.3   羊草叶片气体交换和叶绿素荧光特性及水分利用效率对放牧的响应

2.3.1   引　言

　　光照和水分是植物生长发育中的两个最重要的生态因子(Tueller,1988)。家畜的啃食和践踏作用则会显著影响植物对光和水分的利用(Coughenour,1984)。Parsons and penning(1988)研究发现,由于家畜的放牧啃食,植物损失掉了大部分的光合器官,严重影响了植物对光能的利用。放牧引起的土壤水分胁迫和养分匮乏对植物同样有强烈的影响(Wraith et al.,1987;Singer and Schoenecker,2003)。由于放牧导致土壤水分不足,使植物长期处于一种水分亏缺状态,显著降低了植物的气体交换能力(Turner et al.,1985;Turner,1986)。研究表明,植物经过长时间的水分胁迫其光合速率和气孔导度会显著降低(Sanchez-Blanco et al.,2004;Gonzalez-Rodriguez et al.,2005)。土壤养分供应对植物的光合作用也会产生多种影响(Larcher,2003)。Kazda et al.(2004)报道,植物高的光合能力与良好的土壤养分状况密切相关,尤其是土壤氮素。植物的光系统Ⅱ($PS_{Ⅱ}$)对环境变化比较敏感,通常可以用来指示植物的光适应和环境胁迫对光合作用的影响(Ball et al.,1994;Maxwell and Johnson,2000;Larcher,2003)。水分胁迫还常常伴随着高温、水汽压亏缺和养分匮乏等环境因子,共同限制植物光合能力的提高(Valladares and Pearcy,1997;Flexas et al.,1999)。在不同生境下植物可以通过各种生理途径来适应环境变化,例如调节气孔开度(Long,1994;Giorio,1999;Zavala,2004)、调节 $PS_{Ⅱ}$ 活性(Krause,1988;Maxwell and Johnson,2000)或进行补偿性光合作用(Tiffin,2000)。

植物叶片水平上的水分利用效率是光合速率和蒸腾速率之比,因而凡影响植物光合和蒸腾和环境因子,如光照、水分、温度等对水分利用效率均有影响,而气孔行为是影响叶片水分利用效率的重要因子(张岁岐等,2002)。试验表明,稳定性碳同位素判别(Δ)与叶片细胞内外 CO_2 浓度比值 c_i/c_a 呈负相关关系,所以 $\delta^{13}C$ 值也可以指示植物对干旱胁迫的适应程度(Farquhar et al. 1989)。植物长期的水分利用效率(WUE)也可以用叶片的 $\delta^{13}C$ 值来定量估测(Ehleringer and Cooper,1988;Johnson et al.,1990)。

对叶片或种群水平、野外或控制试验下羊草的光合、荧光特性的研究,国内已有较多研究。研究结果表明,羊草光合速率午间降低的主要原因是大气湿度减小,引起叶片含水量和气孔传导率下降所致(杜占池等;1989);晴朗天气下,羊草叶片净光合速率变化呈双峰型,蒸腾速率属单峰型。叶片的净光合速率、蒸腾速率及气孔阻力在整个生长季受到多个环境因子的影响,净光合有效辐射是对羊草光合作用影响最为强烈的环境因子,受环境因子控制最为显著的生理特征是羊草叶片的蒸腾速率(王玉辉等,2001);羊草叶片光合速率和羊草种群 CO_2 的净交换速率均随着水分胁迫的增加而减小(王云龙等,2004);羊草叶片的最大荧光(F_m)、可变荧光(F_v)、原初光能转换效率(F_v/F_m)、PS_{II} 潜在活性(F_m/F_0)随干旱胁迫加剧呈下降趋势(刘惠芬等,2005);Chen et al.(2005)的研究也表明,放牧使羊草的光合速率显著降低,主要是环境胁迫使羊草叶片的气孔关闭所致。羊草光合生理生态特征的研究,对于提高羊草草原的生产力,科学地经营与管理草场,建立草地生态系统优化模式具有十分重要的理论与实践意义(王玉辉等,2001)。但还需要从植物对放牧的生理响应上提供更多的证据,来反映放牧条件下羊草种群特征变化的部分原因。

内蒙古草原经过几十年来的过度放牧,这里的植被已经出现了严重退化,草地生产力急剧下降(许志信等,2000;李金花等,2004)。就其原因,从植物的生理生态特性角度考虑,由于放牧啃食和放牧引起的生境变化限制了草地植物对光能和水分的利用,导致光合作用能力下降,从而造成生产力的降低。本研究分析了放牧条件下内蒙古草原典型植物——羊草的气体交换和叶绿素荧光特性以及稳定性碳同位素组成变化,来反映羊草对放牧的生理生态响应,从生理上可以部分解释羊草种群生产力及其在群落中优势度的变化。同时,通过与另外一种典型植物——大针茅(Stipa grandis)的比较,观察两种优势植物在对放牧的生理生态适应上是否存在种间的差异。

2.3.2　材料与方法

1. 叶片气体交换的测定

羊草和针茅叶片气体的野外测定时间为 2004 年 7 月 15～16 日。两个样地羊草和针茅的光响应曲线使用便携式光合仪 LI-6400（Li-cor，Inc.，Lincoln，NE，USA）测定，仪器内部的 LED 远红外光源提供不同强度的光合作用激发光能（Photosynthetic Active Iradiances-PAR）。试验设定了从 0 到 2 000 μmol·m^{-2}·s^{-1}10 个光照梯度，分别为 2 000，1 800，1 500，1 000，800，500，300，100，50 和 0 μmol·m^{-2}·s^{-1}。植物的暗呼吸速率（R_d）、表观量子效率（Φ）、光合作用补偿点（LCP）、光合作用饱和点（LSP）以及最大光合速率（A_{max}）通过光响应曲线计算（Prioul and Chartier，1977；Long et al.，1993）。

$$A = \frac{\Phi Q + A_{max} - \sqrt{(\Phi Q + A_{max})^2 - 4\Phi Q k A_{max}}}{2k} - R_d$$

A 为净同化速率（μmol CO$_2$ m^{-2}·s^{-1}），Φ 为表观量子效率（mol CO$_2$ mol^{-1}），A_{max} 为最大光合速率（μmol CO$_2$ m^{-2}·s^{-1}），Q 为光照水平（μmol CO$_2$ m^{-2}·s^{-1}），k 为曲线斜率（$0<k<1$），R_d 为暗呼吸速率（μmol CO$_2$ m^{-2}·s^{-1}）。

在饱和光照下（1 500 μmol m^{-2}·s^{-1}）测定了羊草和针茅的叶片净光合速率（A）、蒸腾速率（E）、细胞内 CO$_2$ 浓度（C_i）和气孔导度（g_s）瞬时的水分利用效率通过 A/E 来计算。

2. 叶片叶绿素荧光测定

羊草和针茅叶片叶绿素荧光的野外测定时间为 2004 年 7 月 17～18 日。光系统 II（PS_{II}）的光化学效率（F_v/F_m）、光化学猝灭（q_P）和非光化学猝灭（q_N）通过 LI-6400-40 荧光叶室（Li-cor，Inc.，Lincoln，NE，USA）来测定。测定之前先要对叶片进行 30 分钟的暗适应，然后迅速用 1 500 μmol m^{-2}·s^{-1} 的饱和光进行激发。光系统 II 的实际量子效率（$\Phi_{PS_{II}}$）通过 F_v/F_m 和 q_P 的值来计算（Genty et al.，1989）。

$$\Phi_{PS_{II}} = (F_v/F_m) \times q_P$$

3. 叶片 δ¹³C 值测定

于 2004 年 16 日在两个样地分别取羊草和针茅的叶片至少 20 片。叶片带回实验室后 65℃ 干燥 48 小时后粉碎，经 80 目筛过滤后测定叶片的 δ^{13}C 值。叶片稳定性碳同位素的表达式为：

$$\delta^{13}C(‰) = \frac{(^{13}C/^{12}C)l - (^{13}C/^{12}C)s}{(^{13}C/^{12}C)s} \times 1\ 000$$

这里 δ^{13} 表示植物叶片的 $\delta^{13}C$ 值，$(^{13}C/^{12}C)l$ 表示叶片 ^{13}C 的自然丰度，$(^{13}C/^{12}C)s$ 表示 ^{13}C 的标准丰度（PDB）。通过叶片和空气 CO_2 的 $\delta^{13}C$ 值还可以计算同位素判别值（$\triangle$）长期水分利用效率：

$$\triangle = (\delta^{13}C_a - \delta^{13}C_p)/(1 + \delta^{13}C_p)$$

$$WUE = C_a\left[1 - \left(\frac{\delta^{13}C_a - \delta^{13}C_p}{a(b-a)}\right)\right]/1.6 \times \triangle W$$

这里 C_a 表示周边空气 CO_2 浓度（$\mu mol \cdot mol^{-1}$），$\delta^{13}C_a$ 为周边空气的 CO_2 的 $\delta^{13}C$ 值，$\delta^{13}C_p$ 为叶片的 ^{13}C 特征值，a 为 CO_2 气体扩散产生的碳同位素分馏（4.4‰），b 为细胞羧化作用过程中由酶所产生的 C 同位素分馏（27‰），$\triangle W$ 为这里基于叶片温度的细胞内外蒸汽气压亏缺（kPa），可由气体交换测定时同步得到。C 的稳定性同位素比用 Thermal Finnigan MAT DELTAplus XP 质谱仪（Thermo Finnigan，Bremen，Germany）测定，地点位于中国科学院植物研究所生态环境中心稳定性同位素实验室（SILEER）。数据处理用 SPSS 统计软件（SPSS Inc.，Chicago，IL，USA）。围封样地和过度放牧样地各个测定指标差异性检验用 t 检验（t-test）。

2.3.3 结果与分析

1. 羊草和大针茅的光合特性

与围封样地相比，放牧样地中羊草和针茅对光照强度的响应显著不同（图 2.3，表 2.6）。放牧地中羊草的最大光合速率 A_{max}、表观量子效率 ϕ、光合作用补偿点 LCP 和饱和点 LSP 均显著低于围封样地（$P < 0.01$），但两个样地中羊草的暗呼吸速率 R_d 却没有显著差异（$P > 0.05$）。放牧地大针茅的 A_{max} 和 ϕ 同样显著低于围封样地（$P < 0.05$），但是两个样地大针茅的 R_d、LCP 和 LSP 均无显著差异（$P > 0.05$）。不论在放牧样地还是围封样地，羊草的 A_{max} 和 ϕ 均显著高于大针茅（$P < 0.01$）。相反，两个样地中大针茅的 R_d 均显著高于羊草（$P < 0.01$）。与大针茅相比，羊草具有更低的 LCP 和更高的 LSP（$P < 0.05$）。在 1 500 $\mu mol \cdot m^{-2} \cdot s^{-1}$ 饱和光强下（表 2.7），放牧地羊草和大针茅的光合速率 A、蒸腾速率 E 以及气孔导度 g_s 都显著低于围封样地（$P < 0.01$）。放牧样地羊草的细胞内 CO_2 浓度 C_i 显著低于围封样地（$P < 0.01$），而针茅的 C_i 两个样地之间无显著差异（$P > 0.05$）。

2. 羊草和大针茅的叶绿素荧光特性

从图 2.3 可以看出，放牧地羊草和针茅光系统 II 的光化学效率 F_v/F_m、实际量子产量 $\Phi_{PS_{II}}$ 和光化学猝灭 q_P 显著低于围封样地（$P < 0.05$）。羊草的非光化学猝灭 q_N 在两个样地间无显著差异（$P > 0.05$），但大针茅的 q_N

在两个样地间差异显著($P<0.05$)。

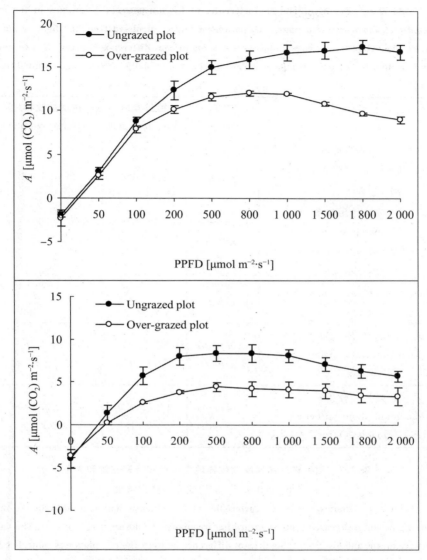

图 2.3　围封样地和过度放牧样地羊草(上图)和针茅(下图)的光响应曲线

A:净光合速率;PPFD:光量子密度;●:围封样地;○:过度放牧样地

Fig 2.3　Light response curves of L. chinensis and S. grandis in the ungrazed and overgrazed plots. A:net photosynthetic rate; PPFD:photosynthetic photon flux density. The error bars represent the SE of the mean($n=4$).

表2.6 围封样地和过度放牧样地中羊草和针茅的光合作用特性

Table 2.6 Photosynthetic characteristics of L. chinensis and S. grandis in the ungrazed plot and overgrazed plots. All parameters were calculated from the light response curves. The values were means and SE($n=4$). Significant difference between the two plots was indicated by the t-test result(＊＊:$P<0.01$; ＊:$P<0.05$; NS:no significant difference).

	物种 Species	围封样地 Ungrazed plot	过度放牧样地 Overgrazed plot
暗呼吸速率 Dark respiration(R_d) [μmol・m^{-2}・s^{-1}]	L. chinesis S. grandis	2.2 ± 0.4 3.9 ± 0.6	2.7 ± 0.08[NS] 3.6 ± 1.0[NS]
光合作用效率 Apparent quantum efficiency(ϕ)[mol mol^{-1}]	L. chinesis S. grandis	0.14 ± 0.003 0.11 ± 0.003	0.10 ± 0.005 ＊＊ 0.092 ± 0.002 ＊
光合作用补偿点 Light compensation point(LCP) [μmol・m^{-2}・s^{-1}]	L. chinesis S. grandis	15.8 ± 3.4 38.0 ± 7.4	26.3 ± 0.4 ＊ 38.3 ± 3.3[NS]
光合作用饱和点 Light saturation point(LSP) [μmol・m^{-2}・s^{-1}]	L. chinesis S. grandis	1466.3 ± 17.6 1251.6 ± 69.7	1043.3 ± 31.8 ＊＊ 1108.5 ± 47.4[NS]
最大光合速率 Maximum photosynthetic rate (A_{max})[μmol(CO$_2$)m^{-2}・s^{-1}]	L. chinesis S. grandis	17.7 ± 0.9 11.4 ± 1.1	12.6 ± 0.3 ＊＊ 7.8 ± 1.1 ＊

表2.7 围封样地和过度放牧样地中羊草和针茅在饱和光下
（1 500 μmol m^{-2}・s^{-1}）的光合作用特性

Table 2.7 Photosynthetic characteristics of L. chinensis and S. grandis in the ungrazed plot and overgrazed plots at saturating irradiance(1 500 μmol m^{-2}・s^{-1}). The values were means and SE($n=4$). Significant difference between the two plots was indicated by the t-test result(＊＊:$P<0.01$; ＊:$P<0.05$; NS:no significant difference).

	物种 Species	围封样地 Ungrazed plot	过度放牧样地 Overgrazed plot
净光合速率 Net photosynthetic rate(A) [μmol(CO$_2$)m^{-2}・s^{-1}]	L. chinesis S. grandis	17.0 ± 1.0 7.1 ± 1.1	10.8 ± 0.3 ＊＊ 4.0 ± 1.0 ＊

续表

	物种 Species	围封样地 Ungrazed plot	过度放牧样地 Overgrazed plot
蒸腾速率 Transpiration rate(E) $[mmol(H_2O)m^{-2} \cdot s^{-1}]$	$L. chinesis$ $S. grandis$	5.8 ± 0.6 3.8 ± 0.5	4.3 ± 0.5 * 2.6 ± 0.2 *
气孔导度 Stomatal conductance(g_s) $[mmol \cdot m^{-2} \cdot s^{-1}]$	$L. chinesis$ $S. grandis$	0.23 ± 0.2 0.10 ± 0.01	0.10 ± 0.02 * 0.06 ± 0.002 * *
细胞内 CO_2 浓度 Intercellular CO_2 concentration(C_i) $[mmol \cdot mol^{-1}]$	$L. chinesis$ $S. grandis$	$160.7.0\pm5.6$ 213.0 ± 17.6	205 ± 10.7 * 219.8 ± 5.1^{NS}

表 2.8　围封样地和过度放牧样地羊草和大针茅的叶片

$\delta^{13}C_p$ 值、碳同位素判别和水分利用效率

Table 2.8　Carbon discrimination and water-use efficiency of L. chinensis and S. grandis in the ungrazed and overgrazed plots. The values were means and SE of the mean(n $=3$). Significant difference between the two plots was indicated by the t-test result(* * : P <0.01; * : $P<0.05$; NS: no significant difference).

	植物 Species	围封样地 Ungrazed plot	过度放牧样地 Overgrazed plot
$\delta^{13}C(‰)$	$L. chinesis$	-26.1 ± 0.03	-26.7 ± 0.09 *
	$S. grandis$	-25.6 ± 0.09	-26.4 ± 0.09 * *
$\Delta(‰)$	$L. chinesis$	16.7 ± 0.04	17.49 ± 0.01 *
	$S. grandis$	16.3 ± 0.07	17.1 ± 0.2 *
$WUE(A/E)$ $[\mu mol(CO_2)mmol^{-1}(H_2O)]$	$L. chinesis$	2.9 ± 0.2	2.5 ± 0.1 *
	$S. grandis$	1.9 ± 0.2	1.5 ± 0.2^{NS}
$WUE(\delta^{13}C)$ $[\mu mol(CO_2)mmol^{-1}(H_2O)]$	$L. chinesis$	8.1 ± 0.32	5.1 ± 0.23 * *
	$S. grandis$	5.6 ± 0.01	4.9 ± 0.01 *

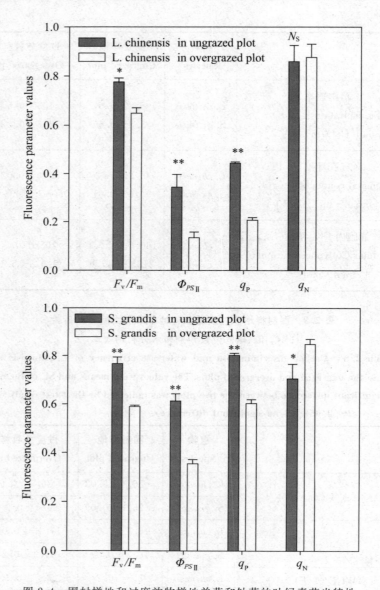

图 2.4 围封样地和过度放牧样地羊草和针茅的叶绿素荧光特性

F_v/F_m：PS_{II} 的光化学效率；$\Phi_{PS_{II}}$：PS_{II} 的实际量子效率；q_P：光化学猝灭；q_N：非光化学猝灭；●：围封样地；○：过度放牧样地

Fig 2.4 Chlorophyll fluorescence characters of L. chinensis and S. grandis in the ungrazed and overgrazed plots. The error bars represent the SE of the mean($n=4$). Significant difference between the two plots was indicated by the t-test result($* *$ ：$P <$ 0.01； $*$ ：$P < 0.05$； NS：no significant difference).

3. 羊草和大针茅的 $\delta^{13}C$ 值和水分利用效率

与放牧样地相比（表 2.8），羊草在围封样地中具有显著高（更正）的叶片 $\delta^{13}C$ 值和相对小的 Δ 值（$P<0.05$），同样，具有更高的瞬时（A/E）和长期（$\delta^{13}C$）的水分利用效率（$P<0.05$）。大针茅除了瞬时水分效率两个样地之间没有显著差异外（$P>0.05$），其他指标同羊草相比具有相同的规律。但是不论在放牧样地还是围封样地，羊草均比大针茅表现出更高的水分利用效率（$P<0.01$）。

2.3.4　讨论

植物被放牧家畜啃食后，受损叶片中的光合产物受到限制而不能及时输出，影响了细胞内碳的运输和固定，使光合作用受到限制（原保忠等，1997）。此外，受伤害后的叶片呼吸作用会明显增强，从而降低了植物的光合作用效率（Parsons et al.，1983）。

植物的光合作用受到多种环境因素影响，例如光照强度、温度、CO_2 浓度、土壤湿度等。在干旱半干旱草原地区，尽管光照充足，热量充沛，但水分匮乏是限制草地植物光合能力的主要原因（杜占池，1999）。植物的光合作用同样受到土壤养分供应状况的影响（Larcher，2003）。过度放牧造成的相对恶劣的生境，使羊草和大针茅气孔导度 g_s 保持在较低的水平，导致较低的光合速率 A、蒸腾速率 E 和表观量子效率 ϕ。围封样地中羊草具有较高的光合作用饱和点和较低的光合作用补偿点，表明过度放牧条件下羊草对强光更加敏感，而对弱光的利用效率降低，这可能造成放牧下羊草在正午强光条件下提早进入午休，从而也降低了羊草的表观量子效率 ϕ 和所能达到的最大光合速率 A_{max}。与羊草相比，大针茅叶片呈针状，叶面积指数明显要小，单位叶面积的光合速率和表观量子效率也较低，这是由两种植物不同的光合特性决定的（戚秋慧等，1989）。干旱胁迫可导致植物气孔导度和光合速率降低（Sanchez-Blanco et al.，2004；Gonzalez-Rodriguez et al.，2005）。放牧样地极低的土壤含水量（图 2.2）会使羊草和大针茅气孔关闭，限制了水分蒸腾，降低了植物的光合能力。尽管气孔的开闭很大程度上决定着植物的光合能力，但有时在极端环境下，植物的光合作用也可能主要受叶绿体对 CO_2 固定能力的制约（Herppich and Peckmann，1997）。此外，放牧地土壤有机碳和氮素供应不足（图 2.4）也是羊草和大针茅光合能力下降的关键因素之一。

植物经暗适应后的 F_v/F_m 值反映光系统 II 的光化学效率，$\Phi_{PS_{II}}$ 反映出叶绿体吸收的光能在 PS_{II} 中用于进行光化学反应所占的比例。q_P 可以指

示出 PS_{II} 反应中心开合的程度。这几个参数均可以反映出植物光合作用对环境胁迫的效应(Ball et al.,1994;Maxwell and Johnson,2000)。在干旱胁迫下,PS_{II} 损伤或失调可能导致光合作用中量子产量的下降(Calatayud et al.,1997)。放牧样地中羊草和大针茅较低的 $\Phi_{PS_{II}}$ 和 q_P 表明,土壤的干旱和贫瘠导致了 PS_{II} 反应中心部分关闭,阻碍了质子流动,降低了光化学反应的效率,也直接造成了羊草和大针茅光合能力的降低。按照 Krause et al.(1988)的观点,q_N 的值与光化学反应过程中 PS_{II} 释放多余能量的多少和光保护有关。本试验中,放牧和围封样地羊草的 q_N 没有显著差异,说明放牧没有明显降低羊草的光保护能力,更多的能量被有效地用于光化学反应而不是热释放。但大针茅对能量的利用效率较低,更多的能量以热的形式释放。这也证明为什么羊草比大针茅具有更高的光化学效率、表观量子效率和光合速率。

在水分限制的生境中,水分利用效率是一个重要的指标,与植物的生存、生长和分布密切相关(Chen et al.,2005)。水分利用效率低意味着植物缺乏良好的保水能力以适应干旱环境,同时在利用等量水的条件下不能生成更多的生物量(Sinclair et al.,1984)。过度放牧样地中的羊草具有较低的 WUE,同时不能支持高的光合速率和气孔导度,结果表现出很低的羧化效率(较高的 C_i)和更负的 $\delta^{13}C$ 值。对于大针茅,其采用不同的生理适应策略(降低光合速率和蒸腾速率)来提高 WUE 和适应干旱。但是从长期考虑,大针茅在强烈的放牧干扰下同样显著降低了羧化效率(较高的 C_i),有更低的 $\delta^{13}C$ 值和较低的 WUE($\delta^{13}C$)。稳定性碳同位素判别(Δ)与植物干物质产量之间存在负相关关系(Farquhar,1989),间接地表明了为什么羊草和大针茅在放牧条件下仅有较低的初级生产力。

2.3.5 小结

羊草叶片的气体交换和叶绿素荧光特性以及水分利用效率受到家畜啃食和放牧地环境水分、养分等多种因子的影响。过度放牧条件下,羊草的最大净光合速率(A_{max})、表观量子效率降低(ϕ),暗呼吸速率升高(R_d),光合作用补偿点升高(LCD),而光合作用饱和点下降(LSD)。羊草光合能力降低的一个主要原因是气孔导度(g_s)降低,并且细胞内积累了大量未羧化的 CO_2。羊草光合能力下降的根本原因是 PS_{II} 反应中心开合的程度(q_P)降低,叶绿体吸收的光能在 PS_{II} 中用于进行光化学反应所占的比例($\Phi_{PS_{II}}$)减小,光系统II的光化学效率降低(F_v/F_m)。过度放牧条件下,羊草的瞬时(A/E)和长期($\delta^{13}C$)水分利用效率均显著降低。

作为羊草草地另外的一种优势植物,大针茅在一些方面表现出与羊草不一样的光合特性和水分利用特性,大针茅具有高的暗呼吸速率,高的光合作用补偿点和低的光合作用饱和点,光合速率较低但同时蒸腾速率也低,所以放牧条件下大针茅的瞬时水分利用效率与围封条件下并没有显著差异。从总体来看,不论是放牧还是围封条件下,羊草的光合能力要明显大于大针茅。植物光合能力的降低预示着植物不能生成更多的生物产量,高的稳定性碳同位素判别(△)也可以反映出为什么羊草和大针茅在放牧条件下仅有较低的初级生产力。

参考文献

[1]Ball M C,Butterworth J A,Roden J S. et al. Applications of chlorophyll fluorescence to forest ecology[J]. Australian Journal of Plant Physiology,1994,22:311－319.

[2]Calatayud A,Deltoro V I,Barren E. et al. Changes in in vivo chlorophyll fluorescence quenching in lichen thalli as a function of water content and suggestion of zeaxanthin-associated photoprotection[J]. Physiologia Plantarum,1997,101:93－102.

[3]Chen S P,Bai Y F,Zhang L X. et al. Comparing physiological responses of two dominant grass species to nitrogen addition in Xilin River Basin of China[J]. Environmental and Experimental Botany,2005,53:65－75.

[4]Coughenour M. B. A mechanistic simulation analysis of water use,leaf angles,and grazing in East African graminoids[J]. Ecological Modelling,1984,26:203－230.

[5]Ehleringer J R,Cooper T A. Correlations between carbon isotope ratio and microhabitat in desert plants[J]. Oecologia,1988,76:562－566.

[6]Farquhar G D,Ehleringer J R and Hubick K T. Carbon isotope discrimination and photosynthesis[J]. Annual Review of Plant Physiology and Plant Molecular Biology,1989,40:503－537.

[7]Flexas J,Escalona J M,Medrano H. Water stress induces different levels of photosynthesis and electron transport rate regulation in grapevines[J]. Plant,Cell and Environment,1999,22:39－48.

[8]Giorio P,Sorrentino G,d'Andria R. Stomatal behaviour,leaf water status and photosynthetic response in field-grown olive trees under water

deficit[J]. Environmental and experimental Botany,1999,42:95－104.

[9]Gonzalez-Rodriguez A M,Martin-Olivera A,Morales D. et al. Physiological responses of tagasaste to a progressive drought in its native environment on the Canary Islands[J]. Environmental and Experimental Botany,2005,53:195－204.

[10]Johnson D A,Asay K H,Tieszen L L. et al. Carbon isotope discrimination:potential in screening cool-season grasses for water-limited environments[J]. Crop Science,1990,30:338－343.

[11]Kazda M,Salzer J,Schmid I. et al. Importance of mineral nutrition for photosynthesis and growth of Quercus petraea,Fagus sylvatica and Acer pseudoplatanus planted under Norway spruce canopy[J]. Plant and Soil,2004,264:25－34.

[12]Krouse G H,Laasch H,and Weis E. Regulation of thermal dissipation of absorbed light energy in chloroplasts indicated by energy-dependent fluorescence quenching[J]. Plant Physiology and Biochemistry,1988,26:445－452.

[13]Larcher W. Physiological plant ecology[M]. Fourth Edition. Berlin:Springer Verlag,2003.

[14]Long S P,Humphries S,Falkowski P G. Photoinhibition of photosynthesis in nature[J]. Annual review of plant physiology and plant molecular biology,1994,45:633－662.

[15]杜占池,杨宗贵,崔骁勇.草原植物光合生理生态研究[J].中国草地,1999,3:20－27.

[16]杜占池,杨宗贵.土壤水分充足条件下羊草和大针茅光合速率午间降低的原因[J].植物生态学与地植物学学报,1989,13:106－113.

[17]杜占池,杨宗贵.刈割对羊草光合特性影响的研究[J].植物生态学与地植物学学报,1989,13:317－324.

[18]李金花,潘浩文,王刚.内蒙古典型草原退化原因的初探[J].草业科学,2004,21:49－51.

[19]刘惠芬,高玉葆,张强等.土壤干旱胁迫对不同种群羊草光合及叶绿素荧光的影响[J].农业环境科学学报,2005,24:209－213.

[20]许志信,赵萌丽.内蒙古生态环境退化及其防治对策[J].中国草地,2000,5:59－63.

[21]王云龙,许振柱,周广胜.水分胁迫对羊草光合产物分配及其气体交换特征的影响[J].植物生态学报,2004,28:803－809.

[22]张岁岐,山仑.植物水分利用效率及其研究进展[J].干旱地区农业研究,2002,12:1—5.

[23]王玉辉,周广胜.松嫩草地羊草叶片光合作用生理生态特征分析[J].应用生态学报,2001,12:75—79.

[24]原保忠,王静,赵松岭.植物受动物采食后的补偿作用——影响补偿作用的因素[J].生态学杂志,1997,16:41—45.

2.4 刈割后施肥和干旱处理对羊草补偿性生长的影响

2.4.1 引 言

植物在个体水平上的补偿性生长机制可以从多个方面进行分析,一般包括去叶后最终生物量的变化(McNaughton,1986;Painter and Belsky,1993)、植物生物量或资源的再分配(Holland et al,1996;Evans,1991)、再生器官如生殖枝和分蘖的发育(汪诗平等,2001)、剩余叶片的光合速率的改变(Trumble et al.,1993;Doescher et al.,1997)以及生长速率的变化(Senock et al.,1991;Ferraro and Oesterheld,2002)等。

植物的补偿生长效应不仅与放牧或刈割去叶的程度(Olson and Richards,1988;汪诗平等,2001)密切相关,不同的可利用资源水平也影响植物的补偿性生长特性。植物的养分状况是调节植物去叶后再生补偿能力的重要因素(Coughenour et al.,1985;Rosenthal and Kotanen,1994)。一般研究认为,在可利用资源比较丰富的条件下植物具有更高的补偿生长能力(Maschinski and Whitham,1989)。Belsky(1986)说明超补偿性最可能发生在适度放牧,养分和水分都比较充裕的湿地。水分条件也是影响植物补偿性生长的关键因子,相同放牧条件下植物的净初级生长量随降雨量的增加而增加(安渊等,2001;刘艳等,2004)。植物在干旱条件下生长停滞,而复水后则会出现明显的补偿性生长(董朝霞和沈益新,2002)。但也有许多相反的观点。例如,野外试验发现,生长在较低的养分和水分供应水平下的植物比那些生长在适宜环境中的植物具备更高的补偿生长能力(Hilbert et al.,1981;Oesterheld and McNaughton,1991)。在较高的氮素水平下,去叶并没有促进补偿性生长(Georgiadis et al.,1989;Ferraro and Oesterheld,2002)或较低的氮素环境并不影响植物的补偿生长和再生(Brathen and Odasz-Albrigtsen,2000)。在干旱条件下植物的补偿性生长能力反而增强(Day and Detling,1994)。但 McNaughton and Chapin(1985)也发现,在较低的氮素水平下,因为对养分的吸收能力下降,植物对去叶的耐受力随之降低。还有的研究认为,放牧地施氮肥后虽然可以增加家畜可采食植物器官的数量和质量,但补偿性产生的关键是植物叶片的氮含量需要达到一定的水平(Hamilton et al. ,1998)。

内蒙古草原是一个干旱半干旱的草地生态系统,由于长期的过度放牧,地上植被被过量取食,已经出现大面积退化和沙化(Katoh,1998)。由于草原土壤氮、磷元素匮乏,加上年度或季节性的干旱,极大地限制了植物生长和获得高的草地生产力(Walker et al. ,1994;刘颖茹等,2004;王玉辉等,2004)。羊草作为一种多年生禾草在这一地区有广泛地分布。羊草表现出了较强的耐牧性,这也与它的补偿性生长能力密切相关(Staalduinen and Anten,2005)。羊草依靠发达的根茎较好地适应了当地的环境和放牧伤害,这是羊草这类根茎类植物产生补偿性生长的一个重要机制(Chapin et al. ,1990)。然而,这一根茎类禾草的补偿性生长能力在放牧或刈割条件下对养分变化和干旱胁迫产生何种响应,目前还不是很清楚。我们对这一根茎类禾草在放牧条件下的补偿性生长特性仍然缺乏足够了解。针对内蒙古草地利用的现实情况,我们设计了一个户外的盆栽试验,即不同刈割强度、不同刈割强度下施氮肥、不同刈割强度下施磷肥和不同刈割强度下干旱胁迫。这个试验所要讨论的问题是:不同的刈割强度下羊草的补偿性生长效应,何种刈割强度下表现为超补偿或欠补偿;在不同的刈割强度下,羊草的补偿性生长特性对施氮肥、磷肥和水分胁迫如何响应;羊草的一些形态特征例如分蘖数量、茎节间长度变化等是否与羊草的补偿性生长特性有关。

2.4.2 材料与方法

1.培养基质的收集处理和羊草幼苗的培养

2005 年 5 月,在多伦生态站南五公里处的一处草原地点收集 0—20 cm 表层土壤。室温下经风干后,花土壤通过 4 mm 筛过滤,以去除大部分的根系和碎石。将土壤均匀混合后装入 200 个顶部直径 19.3 cm,底部直径 13.4 cm,深 19.0 cm 的塑料花盆中,每个花盆连盆带土总重约为 4.0 kg。盆底垫一层滤纸防止土壤水分和养分的渗出。

在同样的地点挖取健康的、保留约 5 cm 根茎的羊草幼苗若干带回生态站,进行户外培养。每一个花盆栽种 10 株幼苗,每株高约 12 cm,根系埋入土中 10 cm。将土壤压实后,每一花盆浇足量的水(机井井水)以保证幼苗的成活,之后每隔两天浇一次。

2.氮、磷添加和干旱处理

2005 年 6 月 28 日,每一花盆内留取 5 株高度一致,大约在 30 cm 左右的羊草苗准备刈割和施肥、干旱处理。200 个花盆中,其中的 50 盆进行施氮处理,每盆施尿素 0.66 g。再有的 50 盆进行施磷处理,每盆施磷酸二氢钙 1.01 g。施肥次数为一次,施肥量按照草地改良常用量每公顷 150 公斤,然后换算为花盆的上表面积进行施肥。还有 50 盆进行干旱处理(整个试验过程),每次浇水量为其他处理的一半,用刻度烧杯每次浇 400 mL;剩余的50 盆为仅刈割的对照。

3.刈割处理和补偿性生长测定

刈割处理包括 5 个刈割水平,分别为刈割掉地上部分的 0%,20%,40%,60% 和 80%。每个处理 10 次重复,每一花盆中的 5 株羊草苗合并为一个重复。刈割处理开始于 2005 年 7 月 1 日,每隔 15 天刈割一次,直到2005 年 9 月 1 日。每一花盆每次刈割掉的部分和最后收获的部分分别装入信封袋,在 65℃ 下 48 小时烘干至衡重,以测定累积生物量(图 2.5)。每次刈割处理之前测量每盆植物的绝对垂直高度,以测定不同时期羊草的相对生长速率(Meyer,1998)。

$$RGR(mm \cdot d^{-1}) = \frac{LnH_2 - LnH_1}{T_2 - T_1}$$

RGR 为相对生长速率,H_2 为下次刈割前(T_2)的植株高度,H_1 为刈割初始时期(T_1)的植株高度。

2005 年 8 月 31 日最后一次刈割前,统计了每花盆内羊草根茎上的小分蘖苗数。此外,对每盆羊草个体从上至下测量了第一、第二和第三个茎节的宽度。2005 年 9 月 1 日最后一次刈割后,用 2 mm 的铁筛过滤掉泥土,收集地下大部分细根和根茎,清洗后 65℃ 下 48 小时烘干至衡重,计算地下生物量(图 2.6)。数据处理用 SPSS 统计软件(SPSS Inc.,Chicago,IL,USA)。数据分析用 One-way ANOVA。仅刈割处理、刈割加施氮肥处理、刈割加施磷肥处理和刈割加干旱处理的地上累积生物量、地下生物量、根茎分蘖数、相对生长速率以及节间宽度等指标之间的差异性多重比较用LSD。数据平均值之间的差异在 $P < 0.05$ 或 $P < 0.01$ 水平时为显著,在$P > 0.05$ 水平时为不显著。

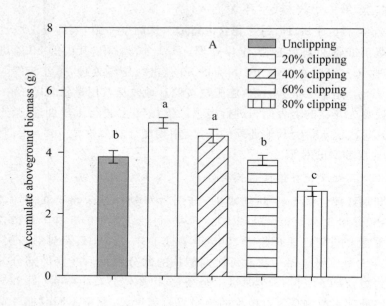

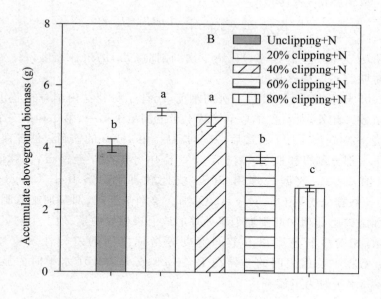

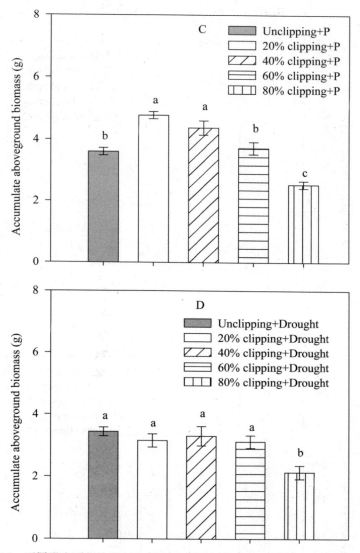

图 2.5 不同强度刈割处理(A)、刈割＋氮添加处理(B)、刈割＋磷添加处理(C)和刈割＋干旱处理(D)下羊草的累积地上生物量

Fig 2.5 Mean accumulative aboveground biomass of L. chinesis in the experimental pots with the clipping treatment, clipping＋N addition treatment, clipping＋P addition treatment, and clipping＋drought treatment. The error bars represent the SE($n=10$). Significant difference among different treatments or clipped levels was indicated by the One-way ANOVA result. Columns with the different letters indicate significant differences at $P<0.05$ and the columns shared any same letters mean no significant difference ($P>0.05$).

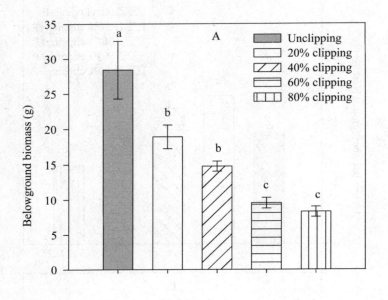

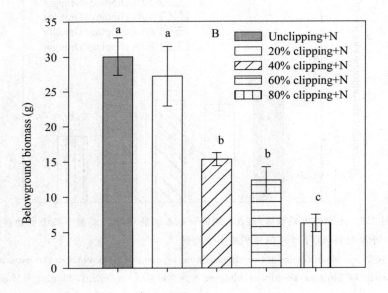

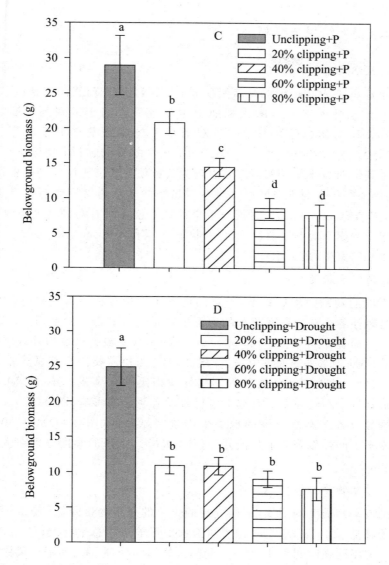

图 2.6　不同强度刈割处理(A)、刈割＋氮添加处理(B)、刈割＋磷添加处理(C)和刈割＋干旱处理(D)下羊草的地下生物量

Fig 2.6　Mean belowground biomass of of L. chinesis in the experimental pots with the clipping treatment, clipping＋N addition treatment, clipping＋P addition treatment, and clipping＋drought treatment. The error bars represent the SE($n=10$). Significant difference among different treatments or clipped levels was indicated by the One-way ANOVA result. Columns with the different letters mean significant differences at $P<0.05$ and the columns shared any same letters mean no significant difference($P>0.05$).

2.4.3 结果与分析

1. 累积地上生物量

随着刈割强度的增加,羊草累积地上生物量迅速降低(图2.5A)。20%和40%刈割强度下羊草的累积地上生物量显著高于不刈割对照($P<0.05$),表现为超补偿生长。60%刈割水平与对照没有明显差异($P>0.05$),表现为等补偿生长。而80%刈割水平的累积地上生物量显著低于对照和其他刈割处理($P<0.01$),表现为欠补偿生长。与仅刈割处理相比,氮、磷添加在各个刈割强度下并没有明显增加羊草的累积地上生物量(图2.5B,图2.5C,$P>0.05$)。但是,干旱处理不仅在所有刈割强度下显著降低了羊草的累积地上生物量,而且限制了20%和40%刈割水平下羊草的超补偿生长的发生(图2.5D)。

2. 地下生物量

不同的刈割强度处理下,羊草的地下生物量存在显著差异(图2.6)。刈割处理使各个刈割强度羊草的地下生物量均显著低于对照(图2.6A,$P<0.05$),而重度刈割(60%和80%)表现的尤为明显。氮添加处理略微增加了20%刈割水平的地下生物量(图2.6B),与对照相比没有显著差异($P>0.05$)。而其他刈割强度与仅刈割处理相比没有显著差异($P>0.05$)。磷添加在各个刈割强度下对地下生物量没有明显的影响(图2.6C)。而干旱处理导致各个刈割强度的地下生物量明显降低(图2.6D),在20%和40%水平下同样显著低于其他处理($P<0.05$),下降的幅度分别在大约为50%和30%。

3. 总生物量

随着刈割强度的增加,不同处理的羊草的总生物量降低(表2.9)。刈割显著降低了40%、60%和80%刈割水平下羊草的总生物量($P<0.01$),但表2.9不同强度刈割处理(A)、刈割+氮添加处理(B)、刈割+磷添加处理(C)和刈割+干旱处理(D)下羊草的地下生物量、地下地上生物量比平均相对生长速率高。氮、磷添加在各个刈割强度下均没有显著提高总生物量($P>0.05$)。干旱处理则显著降低了20%和40%刈割水平的总生物量($P<0.01$)。

表 2.9 不同强度刈割处理（A）、刈割＋氮添加处理（B）、刈割＋磷添加处理（C）和刈割＋干旱处理（D）下羊草的总生物量，地下生物量和相对生长速率

Table 2.9 Mean and SE of measured values of different treatments, including total biomass, above and belowground biomass ratio(A/B ratio) at the final harvest, and relative growth rate during July 1 to September 1. The results were analyzed by One-way ANOVA and significant differences were tested by LSD.

	刈割水平 Clipped levels	处理 Treatments			
		刈割处理 Just clipping	刈割＋氮 Clipping+N addition	刈割＋磷 Clipping+P addition	刈割＋干旱 Clipping+water deficient
总生物量 Total biomass(g)	Unclipping	32.3 ± 1.9^{aA}	34.1 ± 2.0^{aA}	32.6 ± 1.8^{aA}	28.3 ± 1.7^{aB}
	20%	24.0 ± 2.6^{bB}	32.1 ± 2.5^{aA}	25.6 ± 2.4^{bB}	14.1 ± 1.6^{bC}
	40%	19.3 ± 2.3^{bA}	20.1 ± 2.5^{bA}	18.8 ± 2.2^{cA}	14.2 ± 1.7^{bB}
	60%	13.3 ± 1.9^{cAB}	16.1 ± 2.9^{cA}	12.4 ± 2.8^{dB}	12.2 ± 1.6^{bB}
	80%	11.0 ± 1.5^{cA}	9.0 ± 1.4^{dA}	10.2 ± 1.3^{dA}	9.8 ± 1.1^{cA}
地下/地上生物量比 A/B ratio	Unclipping	7.4 ± 0.7^{aA}	7.4 ± 0.8^{aA}	8.1 ± 0.7^{aA}	7.2 ± 0.4^{aA}
	20%	3.7 ± 0.5^{bBC}	5.5 ± 0.6^{bA}	4.4 ± 0.4^{bB}	3.5 ± 0.2^{bC}
	40%	3.2 ± 0.3^{bcA}	3.2 ± 0.2^{cA}	3.3 ± 0.3^{cA}	3.3 ± 0.2^{bA}
	60%	3.0 ± 0.1^{cA}	3.3 ± 0.2^{cA}	3.0 ± 0.2^{cA}	2.9 ± 0.6^{bA}
	80%	2.5 ± 0.3^{dB}	2.3 ± 0.3^{dB}	2.3 ± 0.1^{dB}	3.6 ± 0.4^{bA}

续表

刈割水平 Clipped levels	处理 Treatments			
	刈割处理 Just clipping	刈割+氮 Clipping+N addition	刈割+磷 Clipping+P addition	刈割+干旱 Clipping+water deficient
相对生长速率 *RGR* (cm·cm⁻¹·day⁻¹) Unclipping	0.015 ± 0.001^{aA}	0.018 ± 0.001^{aB}	0.016 ± 0.001^{aA}	0.012 ± 0.001^{aC}
20%	0.023 ± 0.001^{bA}	0.025 ± 0.002^{bA}	0.020 ± 0.002^{bA}	0.015 ± 0.001^{bB}
40%	0.032 ± 0.002^{cA}	0.038 ± 0.002^{cB}	0.034 ± 0.002^{cAB}	0.029 ± 0.002^{cC}
60%	0.045 ± 0.002^{dA}	0.045 ± 0.003^{dA}	0.039 ± 0.003^{dB}	0.029 ± 0.003^{cC}
80%	0.023 ± 0.004^{bA}	0.029 ± 0.006^{bA}	0.024 ± 0.006^{bA}	0.011 ± 0.006^{abB}

a, b and c denote the significances among the different clipped levels of same treatment. A, B and C denote the significances among the different treatments at same clipped level. The value that shared the different letters means significance exist at $p<0.05$ or $p<0.01$. Or else indicates no significant effects $p>0.05$.

4. 地下/地上生物量比

刘割处理明显降低了不同刈割强度下羊草的地下/地上生物量比,特别是在80%刈割水平(表2.9,$P<0.01$)。除施氮显著提高了20%刈割水平的地下/地上生物量比,氮、磷添加没有明显改变不同刈割强度的地下/地上生物量比。氮、磷添加处理在20%刈割水平下羊草的地下/地上生物量比显著高于其他刈割强度($P<0.01$);而干旱处理没有改变羊草地下/地上生物量比变化的趋势。

5. 相对生长速率

刈割显著增加了不同刈割强度下的羊草的平均相对生长速率(表2.9)。随着刈割强度的增大,20%到60%刈割水平的相对生长速率逐渐增加,并且显著大于不刈割对照($P<0.001$)。刈割同样也增大了80%刈割的水平相对生长速率($P<0.01$),但其增大的幅度要显著低于40%和60%刈割水平($P<0.01$)。氮添加刈割处理和仅刈割处理羊草在不同刈割强度下的平均相对生长速率的变化趋势基本相似,所不同的是氮添加显著增加了40%刈割水平的相对生长速率($P<0.01$)。磷添加对羊草在不同刈割强度下的相对生长速率没有显著影响。而干旱处理羊草在各个刈割水平下的平均相对生长速率均显著小于其他处理($P<0.01$)。施氮处理羊草的平均相对生长速率可以达到 0.045 $\mathrm{cm \cdot cm^{-1} \cdot day^{-1}}$,而干旱处理仅为 0.029 $\mathrm{cm \cdot cm^{-1} \cdot day^{-1}}$。

6. 根茎分蘖芽数

60%刈割强度下羊草的分蘖数要显著高于其他刈割水平($P<0.05$),而80%刈割强度则显著降低了羊草的分蘖数(图2.7A,$P<0.01$)。与不刈割施氮对照相比,氮添加显著增加了 40%刈割水平的分蘖数(图2.7B,$P<0.05$),与仅刈割处理相比,氮添加显著增加了80%刈割水平的分蘖数($P<0.05$)。磷添加增加了20%和40%刈割水平的分蘖数(图2.7C,$P<0.05$),但与仅刈割处理相比,没有增加80%刈割水平的分蘖数($P>0.05$)。干旱处理条件下,除80%刈割水平外,其他刈割水平之间的分蘖数没有明显差异(图2.7D,$P>0.05$)。在20%、40%和60%刈割水平下,其分蘖数要显著低于其他处理,并且差异达到了极显著水平($P<0.01$)。

7. 茎节间宽度

随着刈割强度的增加,羊草茎节间的宽度越来越小(图2.8)。仅刈割处理的羊草在 60%刈割水平下要比其他刈割水平具有更小的节间宽度($P<0.05$)。在20%刈割水平下,氮添加显著增加了羊草第一和第三茎节的宽度($P<0.05$)。而磷肥添加和干旱对羊草的节间宽度变化没有显著影响($P>0.05$),主要是不同的刈割强度起到了关键作用。

8.累积地上生物量与不同刈割强度的回归分析

仅刈割处理、刈割加氮处理、刈割加磷处理和刈割加干旱处理的累积地上生物量与不同刈割强度之间的二次曲线回归分析见图2.9。结果表明，各个处理下的羊草，在20％～40％刈割强度下均可获得最大的地上生物产量。区别是仅刈割处理、刈割加氮处理和刈割加磷处理是在大约30％的刈割强度下达到最大的累积地上生物量，而刈割加干旱处理是在大约23％的刈割强度下达到最大的累积地上生物量。各个处理的曲线拟合程度均达到了极显著水平($P<0.001$)。

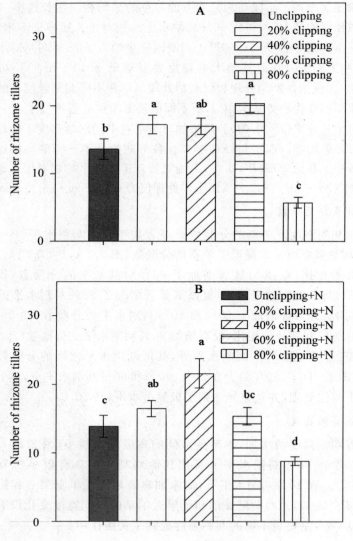

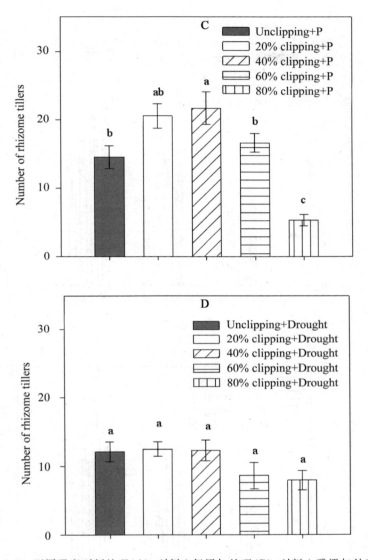

图 2.7　不同强度刈割处理(A)、刈割＋氮添加处理(B)、刈割＋磷添加处理(C)和刈割＋干旱处理(D)下羊草的根茎分蘖芽数

Fig 2.7　Mean number of rhizome tiller of L. chinesis in the experimental pots with the clipping treatment, clipping＋N addition treatment, clipping＋P addition treatment, and clipping＋drought treatment. The error bars represent the SE($n=10$). Significant difference among different treatments or clipped levels was indicated by the One-way ANOVA result. Columns with the different letters mean significant differences at $P < 0.05$ and the columns shared any same letters mean no significant difference($P > 0.05$).

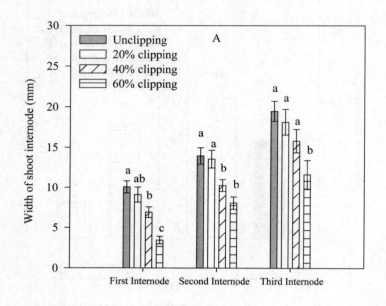

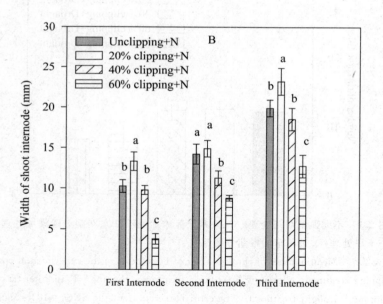

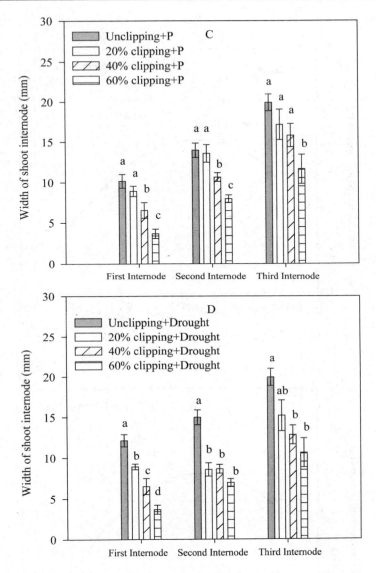

图 2.8　不同强度刈割处理（A）、刈割＋氮添加处理（B）、刈割＋磷添加处理（C）和刈割＋干旱处理（D）下羊草的茎节间宽度

Fig 2.8　Mean width of shoot internode of L. chinesis in the experimental pots with the clipping treatment, clipping＋N addition treatment, clipping＋P addition treatment, and clipping＋drought treatment. The error bars represent the SE($n＝10$). Significant difference among different treatments or clipped levels was indicated by the One-way ANOVA result. Columns with the different letters mean significant differences at $P<0.05$ and the columns shared any same letters mean no significant difference($P>0.05$).

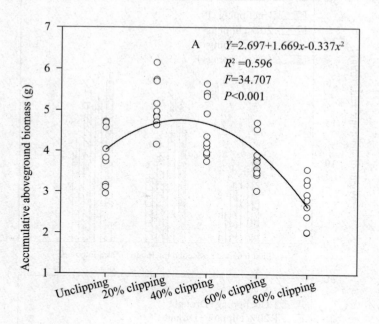

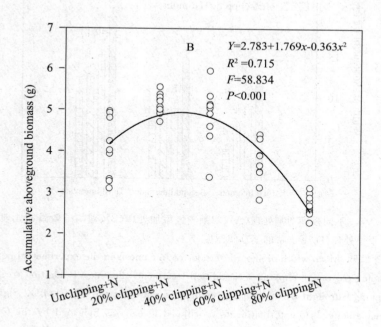

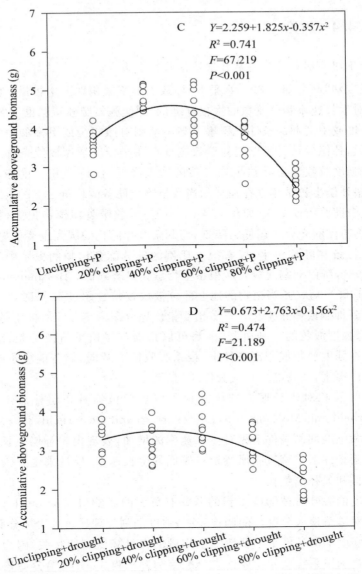

图 2.9 不同强度刈割处理(A)、刈割＋氮添加处理(B)、刈割＋磷添加处理(C)和刈割＋干旱处理(D)下的羊草的累积地上生物量与不同刈割强度之间的回归分析。每一图中两条虚线的交点为最大累积地上生物量所对应的刈割强度

Fig 2.9 The regression analyses between above accumulative biomass and cling intensity in for different combinations of treatments：Clipping only(A)，Clipping＋N addition(B)，Clipping＋P addition(C)，and Clipping＋drought(D). The point of intersection of two broken lines in each figure was the clipping intensity with maximal mean accumulative aboveground biomass.

2.4.4 讨论

1.不同刈割强度对羊草补偿性生长的影响

强度刈割(特别是 80%水平下)导致了羊草累积地上生物量、地下生物量、相对生长速率和分蘖数的大幅度降低,即使施氮肥和磷肥也不例外。羊草在轻度或中度刈割条件下积累了与不刈割对照相当或更多的生物量,表现的是超补偿生长。所以超补偿效应仅存在于轻度适度放牧条件下,强度刈割或强度放牧都会导致生物产量的大大降低(汪诗平和王艳芬,2001)。但是,超补偿生长是建立在消耗相当数量物质储备的代价之上的,不论是轻度还是中度放牧或刈割(原保忠等,1997)。放牧啃食使植物损失掉大量叶片,植物整体的光合作用能力降低,而剩余叶片同化的碳素也要优先分配给植物新枝条和叶片再生,仅有很少比例的碳分配到植物的根系中去(Wilsey,1996),所以刈割或放牧后根系生物量会显著降低。Bassman and Dickmann(1985)也认为,当植物的地上部分被放牧啃食超过 50%时,根系生长就会受到抑制或停止生长。羊草生物量优先分配给茎和叶的再生是羊草适应频繁、强度放牧的一种机制,因为可以帮助其尽快重新恢复光合作用能力。但在强度放牧或刈割条件下,根系吸收能力减弱,储备能量不断减少,叶片难以再生,植物的生长就会停滞,直至死亡。

去叶后相对生长速率的增加也可以表明植物具备超补偿生长能力(Oesterheld and McNaughton,1988;Ferraro and Oesterheld,2002)。羊草在轻度和中度刈割条件下相对生长速率的增加,表现出超补偿生长。但在强度刈割条件下羊草只能保持相对较低的生长速率,反过来也导致植物生物量降低和欠补偿生长。

过度的去叶对植物萌生新的分蘖有负面的影响(Busso et al.,1989)。本试验对羊草根茎分蘖数的调查表明,强度刈割处理显著减少了分蘖数,此结果与强度刈割条件下羊草地下生物量的大量降低密切相关,因为有限的光合产物和根系物质储备要优先分配茎和叶的再生,分配给分蘖进行营养繁殖的能量就要相对减少。相似的结果见 Wan and Sosebee(2002),他们的试验结果显示,Eragrostis curvula 去叶后留茬 7 cm 的分蘖数要显著少于留茬 14 cm。在轻度或中度刈割条件下,羊草可以通过增加分蘖的数量补偿地上被刈割后茎叶的损失,反映出羊草可以通过不同的再生方式应对刈割伤害,恢复正常的生长。但是强度刈割使根系生长受阻,限制了羊草分蘖补偿的能力。

强度刈割使羊草的茎节宽度缩短,类似的结果也出现在绵羊放牧草地上牧草形态特征变化的研究中,过度放牧使牧草的节间缩短(Barthram,1997;汪诗平,2004)。茎节缩短可能是植物适应长期放牧的一种机制。首先,茎节间缩短使植物高度下降,降低了受家畜啃食的可能性,是植物躲避放牧的一种体现。其次,植物缩短茎节可以节省一部分能量,优先分配给叶片进行叶片的再生。

2. 氮、磷添加和干旱对羊草补偿性生长的影响

氮素的添加部分改变刈割对植物生长产生的影响,如提高了相对生长速率,减小了根系生物量降低的幅度和增加总生物量等。Staalduinen and Anten(2005)提出,在较高的氮素水平下,刈割对植物产生更多的负面影响。而 McNaughton and Chapin(1985)发现,氮素水平过低会降低植物对去叶的耐受能力,因为同时减弱了植物对养分的吸收能力。在内蒙古草原地区,一般认为土壤中的氮、磷元素是比较缺乏的(刘颖茹等,2004)。我们的试验结果与 Staalduinen et al. (2005)和 Georgiadis et al. (1989)在较高的氮素水平下,去叶没有促进补偿性生长的结果不尽相同。我们的试验发现,施氮后只明显提高了轻度刈割水平下羊草的地上累积生物量、总生物量、地下生物量以及相对生长速率。然而在强度刈割条件下,即使施以更多的氮素也没有改变羊草欠补偿生长的状况。所以,除了要考虑氮素水平外,不同的去叶强度也是影响植物补偿生长的重要因素。

磷在草地生态系统中对物质转换起到主要作用(Woodrnansee and Puncan,1980)。在中度刈割条件下,适量的磷素添加可以获得更高的生物产量,但频繁的刈割或不刈割都不能使磷素发挥增产的作用(Sun et al.,1998)。但 McNaughton and Chapin(1985)发现,相对于不刈割对照,磷添加对刈割后植物的产量并没有显著的影响,其结果与我们的试验结果相一致。本研究中在不同的刈割水平下,磷添加均没有明显提高羊草的地上和地下收获生物量,可能的原因有:植物被刈割后,降低了对磷的吸收能力(Clement et al.,1978);较低的土壤含水量降低了磷的可利用性(程传敏和曹翠玉,1996);磷可能不是该试验地点植物生长关键的限制因素。

刈割加干旱处理后羊草的累积生物量要显著低于仅刈割的处理,在各个刈割强度下均表现为欠补偿生长。相反的试验结果认为,在干旱条件下,刈割可以去除多余的蒸腾叶面积,提高了土壤的保水力,因而植物的补偿性生长能力增加(Archer and Detling,1986;Coughenour et al.,1990)。而 Maschinski and Whitham(1989)认为,水分供应充足地区的植物比那些生长干旱中的植物具备更高的补偿性生长能力。我们的试验也发现,植物在干旱处理条件下比湿润条件下表现出更明显的欠补偿生长特性。羊草在干旱条件下普遍的欠补偿生长,主要是由于干旱处理显著降低了羊草对碳的

同化能力,可以分配到植物利用于再生的部分很少,从而降低了生长速率。试验中由于采用了体积较小的花盆,土壤的水分容量小,干旱处理负面的影响要大于野外环境。另一方面,在干旱草原,个体水平上的刈割对植物造成的影响要远远大于群体水平(Oesterheld et al.,1999)。

在干旱和半干旱草原地区,经常会发生年度或季节性的干旱,极大地限制了植物的生长和生产力的提高(Walker et al.,1994;王玉辉和周广胜,2004)。我们的试验也可反映出,放牧条件下内蒙古草原年度或季节性的干旱将会导致植物的欠补偿生长。

2.4.5 小结

轻度和中度(20%和40%)刈割后羊草的地上累积生物量明显增加,表现为超补偿生长。强度刈割(80%)使羊草的累积地上生物量显著下降,表现为欠补偿生长。但不论何种刈割水平,羊草的地下生物量都明显减少,表明羊草的超补偿性生长是建立在消耗地下资源的基础之上的。中度刈割可以增加羊草的相对生长速率和根茎分蘖数,表明羊草试图通过增加生长速率和增加分蘖来适应去叶胁迫。随着刈割强度的增大,羊草的节间宽度减小,节间缩短可能是羊草适应刈割或放牧的一种机制,可以使羊草将茎生长的能量分配给叶,同时植株矮化可以避免家畜的进一步采食。

施氮肥对羊草的补偿性生长作用不是非常明显,只是缓解了轻度刈割条件下地下生物量的损失,生长速率加快,其他方面与仅刈割对照相比没有明显差异。施磷肥对羊草的补偿性生长没有明显作用。刈割加干旱处理使羊草在不同的刈割水平下均表现为欠补偿,与对照相比,地下生物量,生长速率和分蘖数均有明显的不同程度的降低。我们结果在一定程度上可以反映出,放牧条件下草原年度或季节性的干旱将会导致植物明显的欠补偿生长。仅从地上累积生物量的获取考虑,刈割强度在20~30%之间可以获得最大的生物产量。

参考文献

[1]Archer S,Detling J K. Evaluation of potential herbivore mediation of plant water status in a North American mixed grass prairie[J]. Oikos, 1986,47:287-291.

[2]Barthram G T. Shoot characteristics of Trifolium repens grown in association with Lolium perenne or Holcus lanatus in pastures grazed by sheep[J]. Grass and Forage Science,1997,52:336-339.

[3]Bassman J H,Dickmann D I. Effects of defoliation in developing leaf zone on young Populus x-euramericana plants. Ⅱ:Distribution of 14-C-photosynthate after defoliation[J]. Forage Science,1985,31:358—366.

[4]Belsky A J. Does herbivory benefit plants. A review of the evidence[J]. American Naturalist,1986,127:870—892.

[5]Brathen K A,Odasz-Albrigtsen A M. Tolerance of the arctic graminoid Luzula arcuata ssp. confusa to simulated grazing in two nitrogen environments[J]. Canadian Journal of Botany,2000,78:1108—1113.

[6]Busso C A,Mueller R J,Richards J H. Effects of drought and defoliation on bud viability in two caespitose grasses[J]. Annals of Botany,1989,63:477—485.

[7]Chapin F S,Schulze E D,Mooney H A. The ecology and economics of storage in plants[J]. Annual Review of Ecology and System,1990,21:423—427.

[8]Clement C R,Hopper M J,Jones L H P. et al. The uptake of nitrate by Lolium perenne from flowing nutrient solution. Ⅱ. Effects of light,defoliation,and relationship to CO_2 flux[J]. Journal of Experimental Botany,1978,29:1173—1183.

[9]Coughenour M B,Detling J K,Bamberg I E. et al. Production and nitrogen responses of the African dwarf shrub Indigofera spinosa to defoliation and water limitation[J]. Oecologia,1990,83:546—552.

[10]Coughenour M B,McNaughton S J,Wallace L L. Responses of an African graminoid(Themeda triandra Forsk.)to frequent defoliation,nitrogen,and water:a limit of adaptation to herbivory[J]. Oecologia,1985,68:105—110.

[11]Day T A,Detling J K. Water relations of Agropyron smithii and Bouteloua gracilis and community evapotranspiration following long-term grazing by Prairie dogs[J]. American Midland Naturalist,1994,132:381—392.

[12]Doescher P S,Svkjcar T J,Jaindl R G. Gas exchange of Idaho fescue in response to defoliation and grazing history[J]. Journal of Range Management,1997,50:285—289.

[13]Evans A S. Whole-plant responses of Brcassica campestris to altered sink-source relations[J]. American Journal of Botany,1991,78:394—400.

[14]Ferraro D O,Oesterheld M. Effect of defoliation on grass growth [J]. A quantitative review. Oikos,2002,98:125—133.

[15]Georgiadis N J,Ruess R W,McNaughton A J. et al. Ecological conditions that determine when grazing stimulate grass production[J]. Oecologia,1989,81:316—322.

[16]Hilbert D W,Swift D M,Dehing J K. et al. Relative growth rates and the grazing optimization hypothesis[J]. Oecologia,1981,51:14—48.

[17]Holland J N,Cheng W X,Crossley D A. Herbivore-induced changes in plant carbon allocation:assessment of belowground C fluxes using carbon-14[J]. Oecologia,1996,107:87—94.

[18]Katoh K,Takeuchi K,Jiang D. et al. Vegetation restoration by seasonal exclosure in the Kerqin Sandy Land,Inner Mongolia[J]. Plant Ecology,1998,139:133—144.

[19]Maschinski J,Whitham T G. The continuum of plant responses to herbivory:the influence of plant association,nutrient availability and timing[J]. American Naturalist,1989,134:1—19.

[20]McNaughton S J,Chapin F S. Effects of phosphorous nutrition and defoliation on C4 graminoids from the Serengeti plains. Ecology,1985, 66:1617—1629.

[21]McNaughton S J. On plant and herbivores[J]. American Naturalist,1986,128:765—770.

[22]Oesterheld M,McNaughton S J. Intraspecific variation in the response of Themeda triandrato defoliation:the effect of time of recovery and growth rates on compensatory growth[J]. Oecologia,1988,77:181—186.

[23]Oesterheld M,McNaughton S J. Intraspecific variation in the response of Themeda triandra to defoliation:the effect of time of recovery and growth rates on compensatory growth[J]. Oecologia,1988,77:181—186.

[24]Olson B E,Senft R L,Richards J H. A test of grazing compensation and optimization of crested wheatgrass using a simulation model[J]. Journal of Range Management,1999,42:458—467.

[25]Oesterheld M,Loreti J,Semmartin M. et al. Grazing,fire,and climate as disturbances of grasslands and savannas. In:Walker,L. eds[J]. Ecosystems of Disturbed Ground. Elsevier Science,1999,303—322.

[26]Painter E,Belsky A J. Application of herbivore optimization theory to rangelands of the western United States[J]. Ecological Applica-

tions,1993,3:2－9.

[27]Rosenthal J P,Kotanen P M. Terrestrial plant tolerance to herbivory[J]. Trends in Ecology and Evolution,1994,9:145－148.

[28]Senock R S,Sisson W B,Donart G. B. Compensatory photosynthesis of Sporobolus flexuosus(Thurb.)Rybd. following simulated herbivory in the northern Chihauhan desert[J]. Botanical Gazette,1991,152:275－281.

[29]Staalduinen M A,Anten N P R. Differences in the compensatory growth of two co-occurring grass species in relation to water availability[J]. Oecologia,2005,146:190－199.

[30]Trumble J T,Kolodny-Hirsch D M,Ting I P. Plant compensation for arthropod herbivory[J]. Annual Review of Entomology,1993,38:93－119.

[31]Walker M D,Webber P J,Arnold E H. Effects of inter annual climate variation on aboveground phytomass in Alpine vegetation[J]. Ecology,1994,75:393－408.

[32]Wan C G,Sosebee R E. Tiller recruitment and mortality in the dryland bunchgrass Eragrostis curvula as affected by defoliation intensity[J]. Journal of Arid Environments,2002,51:577－585.

[33]Wilsey B J. Urea addition and defoliation affect plant responses to elevated CO_2 in C3 grass from Yellowstone National Park[J]. Oecologia,1996,108:321－327.

[34]Woodrnansee R O,Puncan P A. Nitrogen and phosphorus dynamics and budgets in annual grassland[J]. Ecology,1980,61:893－904.

[35]安渊,李博,杨持等. 植物补偿性生长与草地可持续利用研究[J]. 中国草地,2001,23:1－5.

[36]董朝霞,沈益新. 苇状羊茅控水处理后的补偿性生长[J]. 南京农业大学学报,2002,25:15－18

[37]刘艳,卫智军,杨静等. 短花针茅草原不同放牧制度的植物补偿性生长[J]. 中国草地,2004,26:18－23.

[38]原保忠,王静,赵松岭. 植物受动物采食后的补偿作用——影响补偿作用的因素[J]. 生态学杂志,1997,16:41－45.

[39]王玉辉,周广胜. 内蒙古羊草草原植物群落地上初级生产力时间动态对降水变化的响应[J]. 生态学报,2004,24:1140－1145.

[40]汪诗平,王艳芬. 不同放牧率下糙隐子草种群补偿性生长的研究[J]. 植物学报,2001,43:413－418.

［41］汪诗平. 草原植物的放牧抗性［J］. 应用生态学报,2004,15:517－522.

［42］王玉辉,周广胜. 内蒙古羊草草原植物群落地上初级生产力时间动态对降水变化的响应［J］. 生态学报,2004,24:1140－1145.

［43］汪诗平,王艳芬. 不同放牧率下糙隐子草种群补偿性生长的研究［J］. 植物学报,2001,43:413－418.

2.5　羊草刈割后的补偿性光合作用

2.5.1　引　言

Nowak and Caldwell(1984)从光合作用变化的角度研究植物去叶后的耐牧性时,提出了补偿性光合作用的概念,并将其定义为相同生长阶段的植物在部分去叶后,植物整体的光合速率要比未去叶植物提高的现象。植物去叶后光合能力的变化已有较多的研究,多数的研究支持补偿性光合作用的存在。Anten and Ackerly(2001)研究发现,棕榈去叶后剩余叶片单位叶面积的平均光合速率比对照提高了 10%～18%。Meyer(1998)发现,Goldenrod 植物的叶片受到局部或集中损伤后,提高了再生叶片的光合速率,而局部的伤害还可以刺激剩余叶片光合作用的提高。Doescher et al.(1997)的研究表明,不管是围栏内还是围栏外的植物去叶后均表现出补偿性光合作用,第一年光合速率增加了 12%,而第二年增加了 52%。还有其他的一些研究也证实了补偿性光合作用现象的存在(Atkinson,1986;Wallace,1990;Hoogesteger and Karlsson,1992;Richards,1993)。但也有学者在某些植物类群的研究中发现,放牧后植物的光合补偿能力很小或者没有(韩发等,1993)。

导致植物去叶后光合能力变化主要有以下几个因素:成熟叶片和幼叶的比例。如果家畜采食掉的是新生叶片,而成熟叶片保留在植株上,这时植物冠层整体光合能力降低的程度要大于叶面积损失的幅度。相反,如果植物被采食后,相对较多的新生叶片保留在植株上,冠层光合能力的变化则更直接地与所移去的叶面积大小有关(Gold and Caldwell,1989;Gold and Caldwell,1990);被采食的植物利用现有的和再生叶片来恢复整个植株光合作用的能力(Nowak and Coldwell,1984;Hoogesteger and Karlsson,1992;Vanderkilein and Reich,1999);剩余叶片气孔导度增加(Kolb et al.,1999);提高叶片中的叶绿素含量(Martens and Trumble,1987);增强

RUBP 羧化酶活性及电子传递能力(Chapman and Lemaire,1993)进而提高叶片的光合作用的能力。

为了从采食伤害中恢复正常生长,植物必须恢复获取碳的能力,利用物质储备来弥补叶面积损失这只是植物一个短期的响应(Reichman and Smith,1991)。所以植物通过增加叶片水平的光合速率来提高再生效率(Mabry and Wayne,1997)。植物在胁迫解除之后,将调整胁迫产生的不利影响,逐渐恢复组织器官的功能,维持正常的生长,这种补偿机制是生物保存自身的一种重要机能(原保忠等,1998)。研究植物的补偿性光合作用可以为植物的超补偿生长理论提供生理上的依据。本试验的目的就是通过不同程度刈割去叶,观察羊草剩余叶片的光合生理变化,找出刈割后羊草叶片光合能力变化的部分生理原因,探讨羊草去叶后补偿性生长的生理机制。

2.5.2　材料与方法

1. 净光合速率测定

本试验的时间安排在 2005 年 7 月 1 日第一次刈割之后和第二此刈割之前。2005 年 7 月 1 日第一次刈割处理开始,之后每隔两天利用 LI-6400 便携式光合仪(Li-cor,Inc.,Lincoln,NE,USA)测定刈割处理(对照)、刈割加施氮处理、刈割加干旱处理羊草剩余叶片的净光合速率变化,直至 7 月 10 日,共进行 6 次测定。测定时用自然光叶室,测定时间在上午的 10 时~11 时,此时自然光的光照强度保持在 1 700~1 800 $\mu mol \cdot m^{-2} \cdot s^{-1}$ 之间,对羊草来说基本上处于饱和光照强度之下。每个处理为 20 次重复。叶片的气孔导度在光合速率测定时可以同步得到。

2. 暗呼吸速率测定

2005 年 7 月 1 日第一次刈割处理后 8 小时开始,之后分别在 48 小时、第 5 天和第 9 天利用 LI-6400 便携式光合仪(Li-cor,Inc.,Lincoln,NE,USA)测定刈割处理(对照)、刈割加施氮处理、刈割加干旱处理羊草剩余叶片的光合作用曲线,设定了从 0 到 1 500 $\mu mol \cdot m^{-2} \cdot s^{-1}$ 8 个光照梯度,分别为 1 500,1 000,500,200,100,50,20 和 0 $\mu mol \cdot m^{-2} \cdot s^{-1}$,光合作用曲线与 y 轴交点即为叶片的暗呼吸速率(R_d)。每个处理 10 次重复。

3. 叶片叶绿素含量测定

2005 年 7 月 30 日,第一次刈割处理后 30 天(两次刈割之后),利用便携式叶绿素仪(Minolta SPAD 502,Minolta,Osaka,Japan)测定了刈割处理(对照)、刈割加施氮处理、刈割加干旱处理羊草剩余叶片的叶绿素含量,每个处理 20 次重复。数据处理用 SPSS 统计软件(SPSS Inc.,Chicago,IL,

USA)。数据分析用 One-way ANOVA。不同刈割强度和施肥、干旱处理后羊草的净光合速率、暗呼吸速率,气孔导度和叶绿素含量的差异性多重比较用 LSD。数据平均值之间的差异在 $P<0.05$ 或 $P<0.01$ 水平时为显著,在 $P>0.05$ 水平时为不显著。

2.5.3　结果与分析

1. 羊草刈割后剩余叶片的净光合速率变化

刈割后两个小时,羊草剩余叶片的净光合速率在不同刈割强度下均没有显著变化(图 2.10)。刈割 2 天之后,羊草剩余叶片的净光合速率有一个较为明显的降低,且随刈割强度的增加,下降的幅度增大,在 40% 和 60% 刈割水平显著低于对照($P<0.05$)。2 天之后,各个刈割水平下羊草剩余叶片的净光合速率开始明显上升,在第 6 天达到最大值,20% 刈割水平显著大于对照($P<0.01$)。6 天之后 20% 和 40% 刈割水平光合速率开始回落,到第 10 天恢复到正常的水平。60% 刈割水平的光合速率在 2~8 天则始终小于对照($P<0.05$),在第 10 天恢复到对照水平。刈割和施氮处理羊草剩余叶片的净光合速率变化和仅刈割处理(对照)基本上相同,不同的是在 20% 刈割水平下羊草有更高的净光合速率($P<0.05$)。刈割和干旱处理使 60% 刈割水平下的羊草剩余叶片的光合速率始终处于一个较低的水平,而且 20% 和 40% 刈割水平也没有表现出补偿性光合作用,其变化基本上没有什么规律。

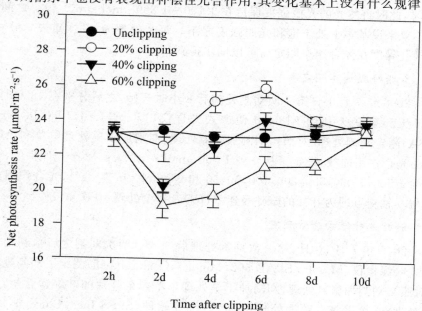

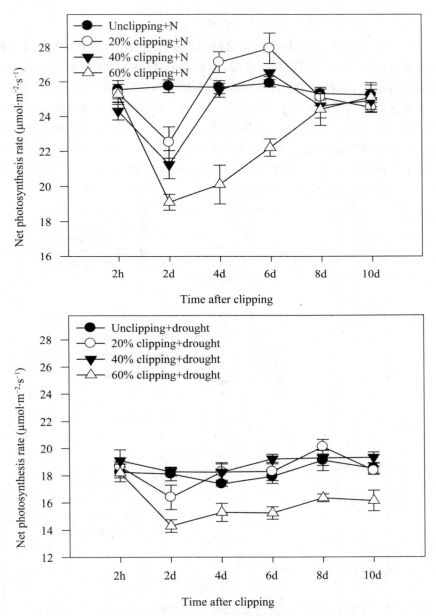

图 2.10　刈割处理(对照)、刈割施氮处理、刈割干旱处理羊草
剩余叶片的净光合速率随刈割后时间的变化

Table 2.10　Change in the net photosynthesis of remained leaves of L. chinensis under different combinations of clipping and environment treatments after clipping. The error bar was SE and $n = 20$. Significant difference among different treatments or clipped levels was indicated by the One-way ANOVA result.

2.羊草刈割后剩余叶片的暗呼吸速率变化

刈割后 8 小时,羊草剩余叶片的暗呼吸速率在不同刈割强度下均没有显著变化(图 2.11)。刈割 2 天之后,羊草剩余叶片的暗呼吸速率有一个较为明显的提高,且随刈割强度的增加,提高的幅度增大,在 40% 和 60% 刈割水平显著大于对照($P<0.05$)。2 天之后,各个刈割水平下羊草剩余叶片的暗呼吸开始明显下降,在第 9 天恢复到对照水平。刈割和施氮处理羊草剩余叶片的暗呼吸速率变化和仅刈割处理(对照)基本上相同。刈割和干旱处理各个刈割水平下的羊草剩余叶片的暗呼吸速率始终处于一个较低的水平,与对照相比没有显著差异($P>0.05$)。

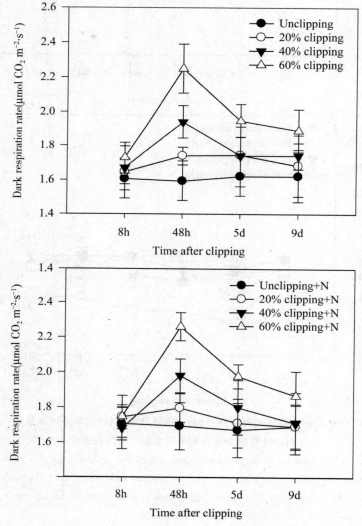

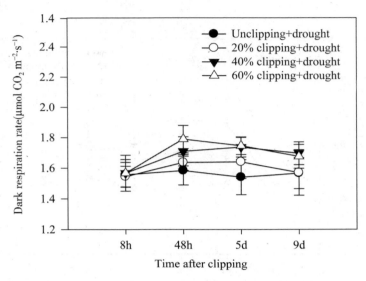

图 2.11　刈割处理(对照)、刈割施氮处理、刈割干旱处理羊草

剩余叶片的暗呼吸速率随刈割后时间的变化

Table 2.11　Change in the dark respiration rate of the remained leaves of L. chinensis under different combinations of clipping and environment treatments. The error bar was SE and $n=5$. Significant difference among different treatments or clipped intensities was indicated by the One-way ANOVA result.

3.羊草刈割后剩余叶片的气孔导度变化

刈割后两个小时,羊草剩余叶片的气孔导度在不同刈割强度下均没有显著变化(图 2.12)。刈割 2 天之后,不同刈割强度羊草剩余叶片的气孔导度均有一个较为明显的升高,且随刈割强度的增加,升高的幅度增大,并显著大于对照($P<0.05$)。4 天之后,各个刈割水平下羊草剩余叶片的气孔导度逐渐下降,但在第 6 天依然显著大于对照($P<0.05$)。6 天之后各个刈割水平气孔导度开始回落,到第 10 天恢复到正常的水平。刈割和施氮处理羊草剩余叶片的气孔导度变化和仅刈割处理(对照)基本上相同($P<0.05$)。刈割和干旱处理各个刈割水平下的羊草剩余叶片的气孔导度始终处于一个较低的水平,其变化基本上没有什么规律。

4.叶片的叶绿素含量

从图 2.13 可以看出,随着刈割强度的增大,各个处理羊草叶片的叶绿素含量逐渐增大,且 40% 和 60% 刈割水平下羊草叶片的叶绿素含量要显著大于不刈割对照($P<0.05$)。施氮处理和干旱处理对叶片叶绿素含量影响不明显,与对照相比并没有显著差异($P>0.05$)。

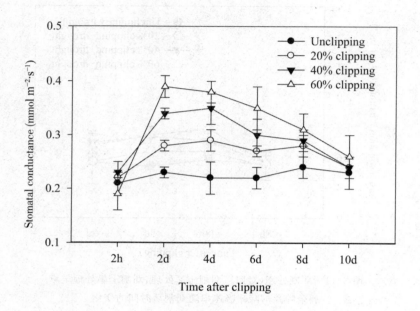

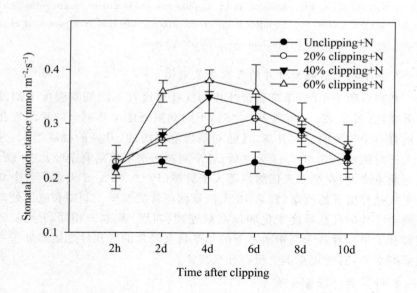

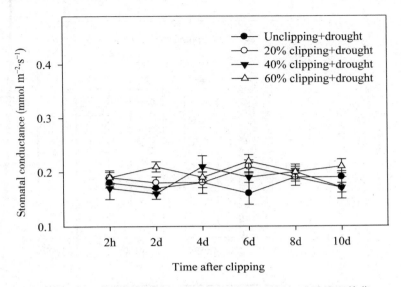

图 2.12　刈割后刈割处理、刈割加施氮处理、刈割加干旱处理羊草
剩余叶片气孔导度随时间的变化

Fig 2.12　Change in the stomatal conductance (mmol m^{-2} · s^{-1}) of the remained leaves of L. chineses under different combinations of clipping and environment treatments. The error bar was SE and $n = 20$. Significant difference among different treatments or clipped levels was indicated by the One-way ANOVA result.

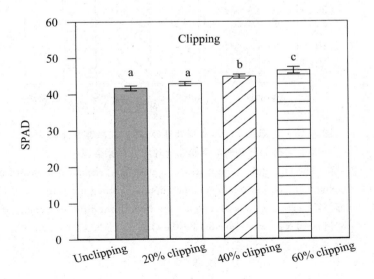

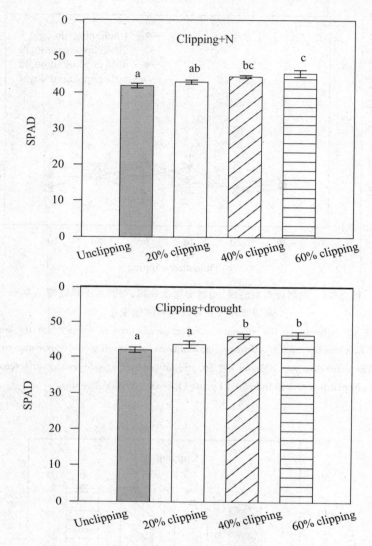

图 2.13 刈割后 30 天,刈割处理(对照)、刈割施氮处理、
刈割干旱处理羊草剩余叶片的叶绿素含量

Table 2.13 The chlorophyll contents of L. chinensis' remained leaves of clipping treatment,clipping＋N addition treatment,and clipping＋drought treatment 30 days after the clipping. The error bar was SE and $n=40$. Significant difference among different treatments or clipped levels was indicated by the One-way ANOVA result.

2.5.4　讨　论

植物受到去叶伤害之后净光合速率会有一定幅度的下降（Parsons and Penning，1988），时间会持续 24～48 小时（Richards and Caldwell，1985）。植物受伤害后净光合速率下降的原因是呼吸作用增强，光合效率降低（Parsons et al.，1983）。而原保忠等（1997）认为，叶片中的光合产物受光合运输系统的限制而不能及时输出，影响细胞内碳的运输和固定，使光合作用受到限制。

植物受到去叶伤害净光合速率降低之后，有一段时间的生理恢复调整期，剩余叶片的光合能力增强（Nowak and Caldwell，1984）。植物叶片受伤害后光合作用增大的原因，李跃强等（1996）和陈彦等（2000）总结为以下几个方面：①叶面积减小，蒸腾作用降低，气孔阻力降低，气孔可保持较长的开启时间；②增加剩余叶片中叶绿素含量；③剩余叶片中细胞分裂素的含量相对提高；④光合酶的活性增加；⑤透光量增加，保证充足的日照，从而增强了光合作用。

植物的净光合 P_n 是总光合 P 与呼吸 R 的差值（$P_n = P - R$），受动物啃食伤害后的植物会以各种形式减小 P 或增大 R，从而使净光合下降（原保忠，1997）。强度刈割后羊草的净光合速率降低，原因可能是暗呼吸速率大幅度增加，呼吸速率大于羧化速率，表现为净光合速率的降低。其结果是减少了光合产物的积累，最终会导致生物量的下降。而适度刈割叶片损失少，生理伤害程度小，经过短时间的恢复后叶片的羧化速率要大于呼吸速率，表现为净光合速率的增加，以此来补偿刈割造成的叶面积损失。杜占池等（1989）的研究表明，刈割羊草上位叶之后，残留的下位叶片光合速率有所增加；刈割叶片前部，残留的后部叶片光合速率未见变化。而我们的试验证明，刈割叶片前部 20%～40%，残留的后部叶片净光合速率先有少量降低，在恢复 4～6 天之后，会有显著的升高。我们的结果与 Detling et al.（1979）一个 10 天短期刈割模拟放牧的试验结果类似，刈割的前三天，Bouteloua gracilis 剩余叶片的净光合速率下降 40%，而三天之后净光合速率比未刈割对照增大了 23%，而且维持到第 10 天试验结束。所不同的是羊草的净光合速率达到最大值后逐渐恢复到了正常叶片的水平，主要是由于新生叶片已经可以独立的进行光合作用，不再需要成熟叶片作为主要碳源。60%刈割强度下，羊草叶片伤害比较严重，其光合作用恢复到正常水平要比轻度刈割需要更长的时间，所以其净光合速率保持在较低的水平。

Kolb et al.（1999）认为，补偿性光合作用与高的气孔导度密切相关，气孔导度增大可以促进叶片细胞内 CO_2 的流动和积累,从而增大了光合速率。我们的试验也发现羊草的补偿光合作用达到最大值时,其气孔导度与对照相比显著增加,说明剩余叶片净光合速率的增大的部分原因是由气孔的阻力减小。但叶片受到伤害后,气孔导度虽然增加,但是其伤呼吸作用也增大,所以净光合速率还是较低。受伤的植物可以通过提高叶绿素含量,进而提高光合作用容量,促进光合作用的能力(Martens and Trumble,1987)。野外放牧试验证明,植物生长后期叶绿素含量随放牧强度的增加而增加(王静等,2005)。我们的试验也发现,随着刈割强度的增大,叶片叶绿素含量增加。而 20％刈割水平和叶绿素含量与不刈割对照却没有明显差异。这说明,在轻度刈割时,叶片补偿性光合作用不是由于叶片叶绿素含量增加,补偿性光合作用除了气孔导度增大因素外,还可能是由于叶片细胞光合酶的活性升高或减少了叶片相互遮荫,改善植物叶片光的通透性,这些还需要由试验来进一步证明。强度刈割叶片的叶绿素含量升高却可以增加其光合作用潜力,为恢复正常生长作了生理上的准备,可能是羊草对刈割或放牧的一种适应性。

施氮肥可以明显增大轻度刈割条件下羊草净光合速率的值,但是不同刈割水平下的净光合速率的变化趋势和不施肥对照基本相同,也没有明显提高气孔导度或者提高叶片叶绿素含量。由此可知,施氮肥对羊草刈割后的补偿性光合作用没有明显影响。但是有研究表明,提高叶氮水平可以促进补偿性光合作用,主要是氮素促进了光合酶(例如 RUBISCO)的合成(Ovaska et al. ,1993;Morrison and Reekie,1995)。可能是我们施氮时间(6 月 28 日)与刈割时间(7 月 1 日)间隔较短,氮素还没有充分发挥作用。在干旱处理条件下,由于叶片气孔导度明显降低,各个刈割水平下羊草的光合作用均比较低,没有补偿性光合作用现象发生,强度刈割则表现的更为显著。表明干旱和刈割可以严重限制羊草生长,最终导致生物产量的下降。

2.5.5　小结

刈割后由于暗呼吸速率增加,羊草剩余叶片的净光合速率开始有明显降低,然后逐渐增大。第六天轻度刈割(20％)的羊草表现出明显的补偿性光合作用,其净光合速率显著大于对照($P<0.01$)。刈割和施氮处理羊草剩余叶片的净光合速率变化和仅刈割处理(对照)基本上相同。刈割和干旱处理羊草剩余叶片的光合速率始终处于一个较低的水平,各刈割水平均没有表现出补偿性光合作用,主要是干旱导致气孔关闭,限制了叶片的气体交换。刈割后叶片气孔导度的增加可能是补偿性光合作用发生的重要原因。但叶片受到强烈伤害后,气孔导度虽然增加,其呼吸作用也增大,所以净光

合速率还是较低。强度刈割叶片的叶绿素含量升高可以增加其光合作用潜力,为恢复正常生长作了生理上的准备,可能是植物对刈割或放牧的一种适应性。

参考文献

[1]Anten N P R；Ackerly D D. Canopy-level photosynthetic compensation after defoliation in a tropical understorey palm[J]. Functional Ecology,2001,15:252—262.

[2]Atkinson C J. The Effect of Clipping on Net Photosynthesis and Dark Respiration Rates of Plants from an upland grassland,with Reference to carbon partitioning in Festuca ovina [J]. Annals of Botany, 1986, 58:61—72.

[3]Chapman D F,Lemaire G. Morphogenetic and structural determinants of plant regrowth after defoliation [M]. In: Grasslands for our World. (Ed. Baker M J)(SIR Publishing:Wellington,New Zealand),1993.

[4]Detling J K,Dyer M I,Winn D T. Net photosynthesis,root respiration,and regrowth of Bouteloua gracilis following simulated grazing[J]. Oecologia,1979,41:127—134.

[5]Doescher P S,Svkjcar T J,Jaindl R G. Gas exchange of Idaho fescue in response to defoliation and grazing history[J]. Journal of Range Management,1997,50:285—289.

[6]Gold W G,Caldwell M M. The effects of the special pattern of defoliation on regrowth of a tussock grass Ⅰ [J]. Growth rosponses. Oecologia,1989,180:299—306.

[7]Gold W G,Caldwell M M. The effects of the special pattern of defoliation on regrowth of a tussock grass Ⅱ [J]. Canopy gas exchange. Oecologia,1989,80:307—317.

[8]Hoogesteger J,Karlsson P S. Effects of defoliation on radial stem growth and photosynthesis in the Mountain Birch(Betula pubescens ssp. tortuosa)[J]. Functional Ecology,1992,6:317—323.

[9]Kolb T E,Dodds K A,Clancy K M. Effect of western spruce budworm defoliation on the physiology and growth of potted douglas-fir seedlings[J]. Forest Science,1999,45:280—291.

[10]Mabry C M,Wayne P W. Defoliation of the annual herb Abutilon

theophrasti:mechanisms underlying reproductive compensation[J]. Oecologia,1997,111:225—232.

[11]Martens B,Trumble J. Structural and photosynthetic compensation for leaf miner injury Lima beans[J]. Environmental Entomology, 1997,16:387—380.

[12]Meyer G A. Mechanisms promoting recovery from defoliation in goldenrod(Solidago altissima)[J]. Canadian Journal of Botany, 1998, 76:450—459.

[13]Morrison K D,Reekie E G. Pattern of defoliation and its effect on photosynthetic capacity in Oenothera biennis[J]. Journal of Ecology,1995, 83,759—767.

[14]Nowak R S,Coldwell M M. A test of compensatory photosynthesis in the field:Implications for herbivory tolerance[J]. Oecologia, 1984, 61:311—318.

[15]Ovaska J,Ruuska S,Rintamäki E. et al. Combined effects of partial defoliation and nutrient availability on cloned Betula pendula saplings. Ⅱ. Changes in net photosynthesis and related biochemical properties[J]. Journal of Experimental Botany,1993,44:1395—1402.

[16]Parsons A J,Leafe E L,Collett B. et al. The physiology of grass production under grazing Ⅰ. Characteristics of leaf and canopy photosynthesis of continuously-grazed swards[J]. Journal of applied ecology,1983, 20:117—126.

[17]Parsons A J, Penning P D. The effects of the duration of regrowth on photosynthesis,leaf death and average rate of growth in a rotationally grazed sward[J]. Grass and forage science,1988,44:16—38.

[18]Richards J H. Physiology of plants from defoliation. In:Baker M J ed. Grassland for our Word[M]. New Zealand:Sir Publishing,1993.

[19]Reichman O J,Smith S C. Responses to simulated leaf and root herbivory by a biennial, Tragopogon dubius[J]. Ecology, 1991, 72: 116 —124.

[20]Richards J H,Caldwell M M. Soluble carbohydrate, concurrent photosynthesis and efficiency in regrowth following defoliation: A field study with Agropyton species[J]. Journal of applied ecology,1985,22:907 —920.

[21]Vanderklein D W,Reich P B. The effect of defoliation intensity

and history on photosynthesis,growth and carbon reserves of two conifers with contrasting leaf lifespans and growth habits[J]. New Phytologist, 1999,144:121－132.

[22] Wallace L L. Comparative photosynthetic responses of big bluestem to clipping versus grazing[J]. Journal of Range Management, 1990,44:59－62.

[23]陈彦,朱奇,张永忠. 植物超越补偿作用的研究进展[J]. 自然杂志, 2000,22:88－91.

[24]杜占池,杨宗贵. 土壤水分充足条件下羊草和大针茅光合速率午间降低的原因[J]. 植物生态学与地植物学学报,1989,13:106－113.

[25]韩发,贲桂英,师生波. 不同放牧强度下高寒灌丛植物的生长特点[J]. 植物生态学与地植物学学报,1993,17:331－338.

[26]李跃强,盛承发. 植物的超越补偿反应[J]. 植物生理学通讯,1996, 32:457－464.

[27]原保忠,王静,赵松岭. 植物受动物采食后的补偿作用——影响补偿作用的因素[J]. 生态学杂志,1997,16:41－45.

[28]原保忠,王静,赵松岭. 植物补偿作用机制探讨[J]. 生态学杂志, 1998,17:45－49.

[29]王静,杨持,王铁娟. 放牧退化群落中冷蒿种群生物量资源分配的变化[J]. 应用生态学报,2005,16:2316－2320.

[30]王静,杨持,王铁娟等. 冷蒿种群在不同放牧干扰下叶绿素、可溶性糖的对比研究[J]. 内蒙古大学学报(自然科学版),2005,36:280－283.

2.6　结论

(1)过度放牧使土壤表层含水量、有机质含量和氮含量显著下降;羊草的叶量减少,比叶面积增大,节间缩短,分蘖减少;羊草的生物量根部分配比例增大,生殖器官则分配很少;羊草种群高度、盖度、密度和相对生物量均比对照显著降低。试验结果说明,过度放牧从短期可以影响到羊草种群和部分形态特征,长期则影响羊草的生物量分配模式,最终还使羊草的生境趋于恶化,不利于羊草的生长。但是,作为一种草地优势植物,羊草对放牧也形成了一定的适应性,例如比叶面积增大,增加了更多的光合叶面积;节间缩短可以躲避家畜啃食;生物量向根部集中,增加对水分和水分的吸收面积等。

（2）由于家畜啃食和放牧地环境的恶化，羊草的净光合速率、光合效率比对照显著降低；光合作用补偿点增大，光合作用饱和点却降低；蒸腾速率、气孔导度下降，呼吸速率增大；系统Ⅱ的光化学效率、实际量子产量和光化学粹灭值均显著低于围封样地；瞬时和长期的水分利用效率也有不同程度的降低。试验结果说明，过度放牧强烈制约了羊草的光合作用能力和水分利用效率，而植物的光合作用是物质生产的基础，羊草光合能力的降低必然导致其生物产量的降低，从而改变了羊草种群在整个生物群落中的作用和地位。

（3）为了进一步说明放牧对羊草的生理生态影响和羊草对不同放牧强度响应，我们设计了刈割模拟放牧的控制试验。羊草在轻度（地上 20%）和中度（地上 40%）刈割条件下可以获得更大的地上累积生物量，表现为超补偿生长，并且地下生物量降低较少，相对生长速率较高，分蘖较多。而强度（地上 80%）刈割可收获的地上累积生物量远少于对照，表现为欠补偿生长，且地下生物量大量减少，相对生长速率较低，分蘖较少。在轻度或中度放牧条件下，施氮肥可以起到稳定维持植物生物产量的作用，但是过度放牧条件下，即使施加再多的氮肥也不能补偿植物生物量的损失。施磷肥对羊草的补偿性生长特性没有明显影响。而干旱加刈割处理的羊草不管是哪个刈割水平，均为欠补偿生长，地下生物量低，相对生长速率小。我们的试验也反映出，内蒙古草原放牧地年度或季节性的干旱将会导致植物的欠补偿生长。

（4）羊草的补偿性光合作用试验说明，轻度刈割后羊草剩余叶片的净光合速率先是降低，然后逐步增大，在刈割后第六天达到最大值，然后又下降。添加氮素对羊草补偿性光合作用影响不大，而干旱处理则显著降低了羊草的净光合速率。刈割后羊草补偿性光合速率产生的原因可能是叶片气孔导度增大，或光的通透性改善，也可能是刈割刺激了光合酶活性的增强。羊草补偿性光合作用的发生可能是补偿性生长产生的重要原因。强度刈割还增加了叶片叶绿素含量，这也是羊草对过度放牧的一种适应，增加叶绿素含量来提高光合作用容量，促进光合作用能力。

第3章　根叶互作调控下的多花黑麦草再生机制的生理生态学研究

3.1　多花黑麦草概述

3.1.1　植物学特性

多花黑麦草 Lolium multiflorum L. 又名意大利黑麦草、黑麦草属,是具世界栽培意义的一年生禾本科牧草(卓坤水,2006)。黑麦草分蘖多,耐践踏,株高 1 m 左右,直立,绿期长,茎叶柔软光滑,叶长 1 cm、宽 1 cm。花序穗状,长 10～20 cm,每穗有 15～16 个小穗,每小穗有 5～9 个花。成熟种子为浅黄色,为颖果,棱形,扁平,外穗披针形,无芒。根系发达。是丛生草本,叶长而狭,叶面平展,叶脉明显,叶色浓绿,顶生细长,穗状花絮,颖果较大,腹部凹陷中间具沟。千粒重 1.9 g 左右。

多花黑麦草原产于欧洲南部、非洲北部及小亚细亚等地,广泛分布于英国、美国、丹麦、新西兰、澳大利亚、日本等温带降雨量较多的国家。我国适常分布长江流域以南地区,在江南、东北等地均有人工栽培种。多花黑麦草最适温度为 15～20℃,适宜凉爽湿润的气候条件。气温超过 35℃会导致生长不良甚至死亡。最适宜在降雨量为 1 000～1 500 mm 的地区生长,不耐长期积水,抗旱性较差。最适合于湿粘、肥沃土壤和鱼塘埂边生长。在 pH 4.7～6.1 的红壤和 pH 8.5～9.0 的碱性土壤中也能生长。对土壤中氮含量的缺乏敏感,喜氮。在合适时间、合适播种量的情况下,平均每株分蘖数量可达 10 个以上,多者可达 25～30 个。在拔节前割青比较容易再生,生长期 150 d 左右,可刈割 4～6 次,产鲜草 45～60 t/hm² (许令妊等,2004)

3.1.2　生态学特性

黑麦草从二叶期开始,逐渐产生次生根,此后根系快速生长,成熟前其根系深度可达 1.1 m 左右,根系水平幅度范围可达 70 cm。每平方米土壤表层中根系的量可达几百到上千克(孙杰,1988)。黑麦草庞大的根系能使土壤质量得到明显的改善,又可以加深活土层,固持土壤,以提高土壤抗蚀性,减少地表径流量。孙杰(1988)对黑麦草保持土壤研究结果表明黑麦草能够有效地减少径流中砂质含量。黑麦草在冬季的稻田里种植能够在很大程度上减少降雨引起的土壤养分流失,黑麦草的根系深而庞大,能稳定地结合于土壤,增大土壤团粒体积并增加土壤通气性,减少水土流失,并有效降低径流速率。黑麦草因为具有抗寒、抗酸及耐盐碱等特点,可以广泛应用于丘陵及盐碱等地区,以提高当地植被覆盖比例,增强水土保持能力。

戴全裕等(1993)使用多花黑麦草对食品业生产废水净化的研究表明,经过驯化的黑麦草能很快适应生产废水,并开始生长发育,对废水有一定的净化能力。郭沛涌等(1997)研究了黑麦草在饲养经济动物的生活废水所起的净化作用,其证实了飘浮生长的黑麦草动物生活废水中生长状态良好,对废水中的磷含量具有显著的降低效应。黑麦草根系发达,分蘖性强,较强的抗逆性和较广的适应性的特点,对低产土壤的改良,土壤的固持有帮助。例如修复污染土壤,改善土壤物理性质,积累土壤有机质,土壤肥力的提高,土壤的通透性改善都有一定。

3.1.3　农学与畜牧学特性

多花黑麦草,茎叶柔嫩,适口性好,营养丰富,抽穗时干物质中含粗脂肪4.79%、粗蛋白质9.96%、粗纤维25.09%、无氮浸出物50.93%、粗灰分9.23%、钙0.48%、磷0.31%。虽茎多叶少,但茎不粗糙,质量优于一般的禾本科牧草。产量高,每年每公顷收青草60~75 t。水肥条件好可达90 t以上,干物质1.2 t。多花黑麦草消化率高,是混播草场优良牧草。其适宜于制作青饲、调制干草、青贮和放牧,是饲养兔、禽、猪、羊、牛、马和草食性鱼类的优质饲草(孔凡德,2002)。莫正海等(1990)对黑麦草的饲用及其生态作用作了研究,结果表明黑麦草有利于土壤有机质的积累,土壤肥力的提高。黑麦草发达的根系给土壤提供了充足的有机质,且碳氮的比大黑麦草又有利于有机质的积累改善,从而对土壤团粒结构的形成,土壤通透性和透水性的改善,都起了促进作用。杨中艺等(1997)的试验证明,黑麦草在冬季闲田里种植可培肥地力,使土壤有机质增加27.1%,速效氮、磷、钾的含量分别增加11.0%、25.5%和57.2%,土壤微生物总量增加38.0%,对后作水稻的分蘖、株高、穗长、千粒重都有显著的促进作用,平均单产提高10%。

研究了黑麦草的饲用价值及其应用前景。优质饲草的生产,稳定了三元种植业结构,促进了农业和畜牧业的发展。黑麦草在我国南方是一种农区广泛种植的优质牧草。它可以用作青饲,制作干草、青贮饲料等。其广泛应用在农业结构调整中并发挥了积极的作用。方勇和章红兵(2005)研究了种植越年生黑麦草对红壤N、P、K养分变化的影响,结果表明连续几年种植黑麦草的红壤,N、P、K 的全量和有效养分的含量均比新开垦的红壤有显著提高。

参考文献

[1]卓坤水.草地农业科学概述[J].福建畜牧兽医,2006,28(3):40—41.

[2]孔凡德.黑麦草的研究与利用前景[J].四川草原,2002(2):29—31.

[3]莫正海.黑麦草的饲用价值与生态作用研究[J].现代农业科技,2010,6:332—333.

[4]方勇,章红兵.南方红壤区种植黑麦草的效应研究[J],草业科学,2005,22(4):69—71.

[5]杨中艺,辛国荣,岳朝阳,简曙光,管原和夫.1997."黑麦草—水稻"草田轮作系统的根际效应.中山大学学报,36(2):1—5.

[6]郭沛涌,朱荫湄,宋祥甫等.陆生植物黑麦草对富营养化水体修复的围隔实验研究—总磷的净化效应及其动态过程[J].浙江大学学报,2007,34(5):560—563.

[7]戴全裕,陈钊.多花黑麦草对啤酒废水净化功能的研究[J].应用生态学报,1993,(3):334—337.

[8]孙杰.黑麦草保持水土效益的初步分析[J].中国水土保持,1988(10):28.

[9]许令妊,王比德,张秀芬,等.牧草及饲料作物栽培学[M].北京:农业出版社,1981,177—181.

3.2 断根与外源喷施细胞分裂素诱导的根叶互作对黑麦草持续再生机制的影响

3.2.1 引言

牧草的耐牧性是指其被牧食后,刺激其叶片再生的机制。这是牧草维持自身生存、抵御草食动物伤害的最基本的生物学特性之一,其对维持草场生产、提高产草量也都有重要的意义(Schiborra 等,2009;Zhao 等,2008;Guevara 等,2002)。牧草在多次去叶后更容易显现出其耐牧性。作为一个贮存有机物质、吸收无机营养和水分,以及合成生长调节物质的重要场所(Shi 等,2007;Veselova 等,2005;Bano,2010;Yang 等,2004),根系对牧草的再生起着一个至关重要的作用。但对于根系通过什么样的方式来影响牧草的再生,至今仍未有明确的报道。

多花黑麦草生长迅速,耐牧性较好,是研究耐牧性的理想材料,为此,本研究选用多花黑麦草作为试验材料。通过断根来模拟去叶黑麦草再生过程中的根系大小,本研究诱导根系对叶片的生长产生不同的影响。本研究还进行了喷施外源细胞分裂素,因为细胞分裂素是根系产生的能够对地上茎叶生长施加影响的重要物质。通过检测多次去叶过程中黑麦草的根系伤流量、可溶性总糖含量,以及根、叶、茬中的生长素(IAA)、赤霉素(GA)、脱落酸(ABA),以及玉米素核苷(ZR)的含量,立足于根叶相互关系,本研究旨在探明调控黑麦草耐牧性的关键物质。

3.2.2 材料与方法

1. 试验设计

本实验研究于河南科技大学农学院实验农场中进行,供试材料为由中国百绿集团提供的"沃土"多花黑麦草。2011 年 2 月,把多花黑麦草种在 25℃ 环境的温室中培育两周。2011 年 3 月,把这些黑麦草幼苗移栽到 100 个高 20 cm,装有 5.5 kg 土壤的塑料花盆里面(每盆土壤含有机碳量为 13.5 g/kg),每盆种植 6 株聚在一起的幼苗。把这些移栽的幼苗放在室外两周后,从中挑选出 42 盆生长均一且健壮的幼苗来用于研究。到 2011 年 3 月底,把 42 盆幼苗放到室外生长 6 周直到它们达到拔节期。在这些幼苗中,拿出 6 盆到实验室来测定刈割前的生物量,根中可溶性碳含量等指标,其中的 3 盆断根,另 3 盆不断根。其余的 36 盆均去叶后留茬 5 cm 高,部分根断或向叶片喷洒外源细胞分裂素。总之,本研究有 4 个处理,每处理 9 盆,分别为:①不断根且不喷洒细胞分裂素(B_5);②断根而不喷洒细胞分裂素(D_5);③不断根且喷洒细胞分裂素(ZB_5);④断根且喷洒细胞分裂素(ZD_5)。

采用剪刀剪叶的方法来进行去叶。据预研试验,黑麦草达到拔节期时具有良好的再生长能力,这是选择该时期来进行黑麦草去叶再生的主要依据。具体的断根方法如下:将花盆置于桌子上,在花盆纵向竖直的中间位置用一个 25 cm 长,2.5 cm 宽的薄背刀横切,使黑麦草根系水平横断成两截。用透明胶带使上下两部分保持连在一起。切割前,先向花盆中浇水,疏松和软化土壤,以方便切割。横切时,首先在花盆壁的中间切下,横向慢慢地推刀,横穿土壤切过。切开的同时,保持花盆上下两部分不要移动,以免破坏土壤。外源细胞分裂素(8 mg/L 的 6-苄氨基嘌呤,依据预备试验来选择该浓度)喷洒后立即去叶,3 天以后再喷洒。

每种处理的 9 盆按每 3 盆 1 组分为 3 组。各处理中的黑麦草每 7 天去叶 1 次,留茬高度均为 5 厘米,共去叶 3 次。每次去叶后的 7 天,从每种处理中选 1 组送往实验室测量生物量,包括根可溶性糖含量、根伤流液量,以及在新生长叶片、茬和根中的生长素(IAA)、赤霉素(GA_3)、细胞分裂素(ZR)、脱落酸(ABA)含量。

2. 测量与方法

(1)生物量、可溶性糖与伤流液的量

用水冲洗的方法把黑麦草根系与土壤分离。去叶 7 天后被带到实验室进行相关测量的黑麦草,剪去叶片后留 5 cm 高的茬,所剪下的叶片命名为新生叶片。把新鲜根系、叶片,以及茬的样品放入烘箱中,在 65℃ 的条件下烘 60 小时来测量其生物量。新生叶片和茬的生物量的和为地上部分的生物量。用称重法测定伤流液的量,具体操作如下:去叶后,0.2 g 脱脂棉立即裹在切断茎秆的横断伤口处,然后用一张 3 cm 宽和 4 cm 长的密封塑料袋裹住脱脂棉以防伤流液蒸发,密封塑料袋用橡皮筋扎紧。12 小时后称重脱脂棉,其重量的增加即为伤流液的量。

可溶性糖含量采用蒽酮法测定。称取剪碎混匀的新鲜样品 0.5~1 g,置于研钵中,加入少量蒸馏水,研磨成匀浆,然后转入 20 mL 刻度试管中,用 10 mL 蒸馏水分次洗涤研钵,洗液一并转入刻度试管中。置沸水浴中加盖煮沸 10 分钟,冷却后过滤,滤液收集于 100 mL 容量瓶中,用蒸馏水定容至刻度,得样品液。用移液管吸收 1 mL 样品液于 20 mL 具塞刻度试管中,加 1 mL 水和 0.5 mL 蒽酮试剂。再缓慢加入 5 mL 浓 H_2SO_4,盖上试管塞后,轻轻摇匀,再置沸水浴中 10 min(比色空白用 2 mL 蒸馏水与 0.5 mL 蒽酮试剂混合,并一同于沸水浴保温 10 min)。冷却至室温后,在波长 620 nm 下比色,记录光密度值。查标准曲线上得知对应的葡萄糖含量(μg),再用下公式计算其含量。

$$样品含糖量(g/100\ g\ 鲜重)=\frac{查表所得糖含量(\mu g)\times 稀释倍数}{样品重(g)\times 10^6}\times 100$$

标准曲线的制作如下:取 6 支 20 mL 具塞试管,编号,按下表数据配制一系列不同浓度的标准葡萄糖溶液。在每管中均加入 0.5 mL 蒽酮试剂,再缓慢地加入 5 mL 浓 H_2SO_4,摇匀后,打开试管塞,置沸水浴中煮沸 10 min,取出冷却至室温,在 620 nm 波长下比色,测各管溶液的光密度值(OD),以标准葡萄糖含量为横坐标,光密度值为纵坐标,作出标准曲线。

(2)激素含量

新鲜的根,叶和茬样品 1~3 g,用液氮冷冻 30 min 后,储存在 −80℃ 冰箱中,以备其后测量内源激素含量用。测量内源激素含量时,称取每个冷冻样品约 0.7 g,混合 80％的甲醇(含 1 mmol/L 的二叔丁基-4-甲基苯酚),研磨成匀浆,并在 4℃下萃取 4 h。萃取后将样本匀浆在 7 000 r/min 转速下离心 15 min,分离沉淀后吸取上清液。沉淀另加 80％甲醇萃取 1 h,再次吸取上清液。上清液注入 C-18 柱进行固相萃取,萃取后用氮气吹干。然后将氮气吹干后的残留物溶解在 0.01 mol/L 磷酸盐缓冲液中(pH 为 7.4)。据 Teng et al. (2006) 和 Zhu et al. (2005),利用酶联免疫吸附试验(ELISA)测定生长素(IAA)、赤霉素(GA_3)、细胞分裂素(ZR)、脱落酸(ABA)含量。小鼠单克隆抗体的生长素(IAA)、赤霉素(GA_3)、细胞分裂素(ZR)、脱落酸(ABA),以及酶联免疫吸附试验中使用的抗体 IgA 都是由中国农业大学植物激素研究所生产的。

酶联免疫吸附试验是在 96 孔酶标板上进行的。每孔均包含 100 μL 的缓冲液(1.5 g·L^{-1} 碳酸钠,2.93 g·L^{-1} 碳酸氢钠,0.02 g·L^{-1} NaN_3,pH 为 9.6),该缓冲液中还包含 0.25 μg·mL^{-1} 用来与激素进行反应的抗原。将用来测定 GA_3、Z+ZR、和 ABA 的酶标板置于 37℃培养箱培养 4 h,而将用来测定 IAA 的酶标板在 4℃下培养一整夜,然后在室温下保存 30~40 min。用 PBS 和 Tween 20[0.1％(V/V)](pH 为 7.4)缓冲液洗涤 4 次后,每个孔中充满 50 μL 黑麦草样本提取液或 IAA、GA_3、Z+ZR、ABA 的标准液(0~2 000 ng·mL^{-1} 稀释范围),50 μL 的 20 μg·mL^{-1} 抗生长素 IAA、GA_3、Z+ZR、ABA 的各种抗体。

将测定赤霉素 GA_3、Z+ZR、ABA 的酶联免疫实验酶标板放于 28℃的条件下培养 3 h,将测定生长素 IAA 的酶联免疫酶标板置于 4℃的条件下培养一整夜,然后用同样的方法洗涤上述的板。将 100 μL 的 1.25 μg·mL^{-1} IgG-HRP 底物加入到每个孔中,并在 30℃下培养 1 h。板用 PBS＋Tween 20 缓冲液漂洗 5 次,然后将 100 μL 显色液(含有 1.5 mg·mL^{-1} 邻苯二胺和 0.008％(V/V)的过氧化氢)添加到每个孔中。每孔中加入 50 μL 6N H_2SO_4 使反应停止,盛有 2 000 ng·mL^{-1} 标准液的颜色变苍白时,孔中 0 ng·mL^{-1} 标准液的显色深。每孔的颜色发生变化,用酶标仪(型号 DG-5023,中国南京华东电子管厂)在 A490 下检测。利用 Weiler 等(1981)的方法计算 IAA、GA_3、Z+ZR、ABA 含量。

本研究中,通过向分离出的提取物中加入已知量的标准激素来计算各激素的回收率。IAA、GA_3、Z+ZR、ABA 的回收率分别为 79.2％,78.6％,80.2％,83.0％,表示没有特异性单克隆抗体存在于提取物中。单克隆抗体的特异性,以及其他可能的非特异性的免疫交叉反应已被几位学者检验过(Wu 等,1988;Zhang 等,1991;He,1993),证实比较可靠。本文中图和表中的所有数据均为平均值,用 SAS(version 6.12)进行分析。最小显著差数法用来进行处理间的多重比较。

3.2.3　结果与分析

1. 生物量

由表 3.1 可知,每次去叶后 7 天所测量的新长出的叶片的生物量,以及地上的生物量,T_5 处理都显著高于 B_5 处理,ZT_5 处理也都显著高于 ZB_5 处理,ZT_5 处理都显著高于 T_5 处理,ZB_5 处理都显著高于 B_5 处理。因此,黑麦草去叶后的断根明显抑制其再生,喷施外源细胞分裂素能促进其再生。从不同去叶次数方面来看,与第 1 次去叶后 7 天相比,第 2 次去叶后 7 天和第 3 次去叶后 7 天的新长出的叶片的生物量,T_5 处理分别下降 68.4% 和79.1%,B_5 处理分别下降 69.7% 和80.3%,ZT_5 处理分别下降 58.7% 和71.1%,ZB_5 处理分别下降 65.1% 和79.9%。这说明频繁去叶不利于黑麦草的再生。

表 3.1　各处理黑麦草再生生物量

Table 3.1　Biomasses of ryegrass in the different treatments

		T_5	B_5	ZT_5	ZB_5
再生叶片生物量(g/盆)	1-cli	2.15b	1.88d	2.42a	2.09c
	2-cli	0.68b	0.57c	1.00a	0.73b
	3-cli	0.45b	0.37c	0.70a	0.39c
地上部分生物量(g/盆)	0-cli	6.60			
	1-cli	3.75a	2.92b	3.94a	3.09b
	2-cli	3.20b	2.55c	3.89a	2.80c
	3-cli	2.65b	1.87d	3.79a	2.08c
根系生物量(g/盆)	0-cli	4.90a	2.97b	4.90a	2.97b
	1-cli	3.22a	1.45c	2.87b	1.04d
	2-cli	2.68a	1.27c	2.43b	0.88d
	3-cli	3.40a	1.79c	3.00b	1.23d

同一行字母不同表示差异显著($P \leqslant 0.05$),下同。"0-cli"、"1-cli"、"2-cli"、"3-cli"分别表示去叶前,第 1 次、第 2 次、第 3 次去叶 7 天后。

In the same rows, different letters correspond to significant differences at $P \leqslant 0.05$. "0-cli", "1-cli", "2-cli" and "3-cli" stand for pre-clipping, the first, the second and the third clipping, respectively. (the same below).

与去叶前相比，各处理的根系生物量在去叶后均出现下降，这说明黑麦草去叶后的再生增加了对根系生物量的消耗。由于断根的作用使 B_5 和 ZB_5 减少了大量的根系生物量，从而每次去叶后 7 天的根系生物量 T_5 显著高于 B_5，ZT_5 显著高于 ZB_5。每次去叶 7 天后根系的生物量，ZT_5 显著低于 T_5，ZB_5 叶均显著低于 B_5，因此，喷施细胞分裂素促进了去叶黑麦草对根系生物量的消耗。

2. 可溶性糖与伤流量

由表 3.2 可知，与去叶前相比，各处理的根系可溶性的碳水化合物含量以及根系的伤流量在去叶后均出现不同程度的下降。每次去叶 7 天后的根系可溶性碳水化合物含量、伤流量均表现为 T_5 显著高于 B_5，ZT_5 显著高于 ZB_5，因此，黑麦草去叶后断根促进了根系可溶性碳水化合物的消耗，降低了根系的伤流量。第 2 次去叶 7 天后，以及第 3 次去叶 7 天后的根系的可溶性碳水化合物含量、伤流量，T_5 处理却显著高于 ZT_5 处理，B_5 处理也显著高于 ZB_5 处理。因此，多次去叶下外源细胞分裂素易引起根系可溶性碳水化合物的消耗，伤流量的降低。

表 3.2　各处理根系可溶性糖含量、伤流量

Table 3.2　Soluble carbohydrate content and roots xylem sap quantity in the different treatments

		T_5	B_5	ZT_5	ZB_5
可溶性碳水化合物含量(mg/g)	0-cli	154.43			
	1-cli	52.99b	39.05c	61.27a	41.67c
	2-cli	51.75a	32.57c	40.47b	26.87d
	3-cli	53.10a	37.13b	36.91b	29.38c
根系伤流量(mg/pot * h)	0-cli	109.95			
	1-cli	106.80a	83.30b	111.88a	90.83b
	2-cli	51.05a	21.40c	43.73b	10.53d
	3-cli	18.33a	8.06c	10.83b	6.11d

同一行字母不同表示差异显著（$P \leqslant 0.05$），下同。"0-cli"、"1-cli"、"2-cli"、"3-cli"分别表示去叶前，第 1 次、第 2 次、第 3 次去叶 7 天后。

In the same rows, the different letters correspond to significant differences at $P \leqslant 0.05$. "0-cli", "1-cli", "2-cli" and "3-cli" stand for pre-clipping, the first, the second, and the third clipping, respectively.

根据表 3.3 的相关性分析可知,第 1 次去叶 7 天后,伤流量、根系生物量以及可溶性碳水化合物总量都与黑麦草再生的叶片生物量呈现显著或极显著性相关,然而第 2 次以及第 3 次去叶 7 天后,这三则者与黑麦草再生的叶片生物量没有显著性相关的关系。每次去叶 7 天后,根系生物量、可溶性碳水化合物、根系伤流量这三者之间都存在着着极显著性相关关系。因此,根系的生物量以及可溶性碳水化合物含量是影响根系伤流量的关键性因素。

表 3.3　再生叶生物量、根系伤流量、可溶性碳水化合物、根系生物量之间相关系数

Table 3.3　Correlation coefficients(R)among newly grown leaves biomass,roots xylem sap quantity,soluble carbohydrate content and roots biomass

	1-cli			2-cli			3-cli		
	RBS	SCC	RB	RBS	SCC	RB	RBS	SCC	RB
NGB	0.827**	0.904**	0.623*	0.356	0.117	0.376	0.188	0.009	0.65
RBS		0.827**	0.802**		0.915**	0.980**		0.944**	0.879**
SCC			0.830**			0.897**			0.790**

NGB=新生叶生物量;RBS=伤流量;SCC=可溶性糖含量;RB=根系生物量. $*P \leqslant 0.05$; $**P \leqslant 0.01$。"1-cli"、"2-cli"、"3-cli"分别表示第 1 次、第 2 次、第 3 次去叶 7 天后。

NGB=newly grown leaf biomass;RBS=roots xylem sap quantity;SCC=soluble carbohydrate content;RB=root biomass. "0-cli","1-cli","2-cli" and "3-cli" stand for pre-clipping, the first,the second,and the third clipping,respectively. $*P \leqslant 0.05$; $**P \leqslant 0.01$.

3. 激素含量

由表 3.4、表 3.5 可知,从第 1 次去叶 7 天后到第 3 次去叶 7 天后,各处理叶片中 Z+ZR 和 IAA 均出现不同程度的下降,ABA 和 GA 含量出现较大幅度的上升。由于 Z+ZR、IAA 和 GA 都是促进植物生长的激素,ABA 是抑制植物生长的激素,并且随着去叶次数的增多黑麦草的再生能力逐渐减弱,所以,ZR、IAA 和 ABA 含量的变化与去叶黑麦草再生的状况较吻合。

第 1 次去叶 7 天后,再生叶片中的 Z+ZR 含量,B_5 和 ZB_5 分别显著高于 T_5 和 ZT_5,说明在去叶较少时断根可以刺激叶片中 ZR 含量的增加。但第二次和第 3 次去叶 7 天后,再生叶片中的 Z+ZR 含量 T_5 和 ZT_5 分别显著高于 B_5 和 ZB_5,第 3 次去叶 7 天后的根系中 Z+ZR 含量 T_5 和 ZT_5 分别显著高于 B_5 和 B_5,说明去叶次数较多时,断根会降低细胞分裂素在叶片和根系中的分布。第 2 次和第 3 次去叶 7 天后,再生叶片中的 Z+ZR 含量,以及第 3 次去叶 7 天后的根系中 Z+ZR 含量,ZT_5 和 ZB_5 都分别显著高于

T_5 和 B_5，说明去叶次数较多时，外源细胞分裂素会促进细胞分裂素在叶片和根系中含量的增多。第 3 次去叶 7 天后 B_5 和 ZB_5 叶片中 ABA 含量 T_5 和 ZT_5 分别显著高于 B_5 和 B_5，ZB_5 和 ZB_5 分别显著高于 T_5 和 B_5，说明多次去叶时，断根和外源细胞分裂素都会降低 ABA 在叶片中的分布。第 3 次去叶 7 天后 T_5 和 B_5 根系中 ABA 含量显著高于 ZB_5 和 ZB_5，说明在多次去叶时外源细胞分裂素易导致根系中 ABA 含量的降低。断根和外源细胞分裂素未能对茬中的 ZR 含量和 ABA 含量的分布产生明显的影响。

表 3.4 各处理去叶后新生叶、根和茬 ZR 和 ABA 含量

Table 3.4 ZR and ABA content of the newly grown leaves, roots, and stubbles in different treatments after leaf clipping

		Z+ZR(ng/g)				ABA(ng/g)			
		0-cli	1-cli	2-cli	3-cli	0-cli	1-cli	2-cli	3-cli
叶	T_5	24.35	120.17c	100.15b	87.22b	159.62	769.30a	562.09a	1346.13a
	B_5		190.90a	45.80d	71.20c		670.10b	596.73a	1199.56b
	ZT_5		115.25c	132.04a	99.28a		596.73c	531.01a	1156.87b
	ZB_5		149.76b	55.24c	84.82b		1199.56c	527.44a	1012.95c
根	T_5	13.47	30.54b	11.98d	19.76c	514.73	1569.35a	1177.65b	639.52b
	B_5		27.11c	17.53c	15.82d		933.80c	1229.52a	729.84a
	ZT_5		32.88a	27.19a	28.84a		821.37d	1289.05b	293.48d
	ZB_5		22.56d	19.55b	21.63b		1277.99b	877.12a	493.93c
茬	T_5	52.73	106.45a	57.72a	63.26c	577.21	437.51b	370.03a	248.64b
	B_5		59.60d	49.95b	121.29a		351.64c	200.67c	671.25a
	ZT_5		92.7b	22.17c	91.24b		768.69a	147.48d	617.48a
	ZB_5		73.96c	23.97c	52.86d		286.81d	244.59b	207.08c

同一行字母不同表示差异显著（$P \leqslant 0.05$）。"0-cli"、"1-cli"、"2-cli"、"3-cli"分别表示去叶前、第 1 次、第 2 次、第 3 次去叶 7 天后。

In the same rows, the different letters correspond to significant differences at $P \leqslant 0.05$. "0-cli", "1-cli", "2-cli" and "3-cli" stand for pre-clipping, the first, the second, and the third clipping, respectively.

表 3.5　各处理去叶后新生叶、根和茬 IAA 和 GA 含量

Table 3.5　IAA and GA content of the newly grown leaves, roots, and stubbles in different treatments after leaf clipping

		IAA(ng/g)				GA(ng/g)			
		0-cli	1-cli	2-cli	3-cli	0-cli	1-cli	2-cli	3-cli
叶	T_5	214.16	162.95c	106.58c	96.12b	16.86	2.86d	4.21d	16.87a
	B_5		210.83a	97.93d	98.18b		4.93c	6.07c	17.96a
	ZT_5		184.13b	129.22b	117.92a		7.65b	22.14a	17.86a
	ZB_5		186.36b	190.39a	98.23b		9.13a	12.26b	16.80a
根	T_5	39.21	90.88c	105.52b	106.94b	15.08	1.05c	0.69c	4.88d
	B_5		116.23a	84.10d	97.82c		1.59a	1.61b	8.58b
	ZT_5		114.16a	75.41a	138.67a		1.22b	0.70c	6.71c
	ZB_5		144.04b	118.05c	114.50b		1.61a	6.01a	11.84a
茬	T_5	271.19	168.28c	228.97b	262.70c	12.56	15.34c	23.07a	20.63a
	B_5		209.71a	321.27b	346.23c		12.41d	15.78b	12.45c
	ZT_5		212.05c	308.39a	282.41b		22.44a	16.22b	16.43b
	ZB_5		281.57b	195.25c	321.09c		19.75b	6.21c	17.08b

同一行字母不同表示差异显著($P \leqslant 0.05$)。"0-cli"、"1-cli"、"2-cli"、"3-cli"分别表示去叶前、第 1 次、第 2 次、第 3 次去叶 7 天后。

In the same rows, the different letters correspond to significant differences at $P \leqslant$ 0.05. "0-cli", "1-cli", "2-cli" and "3-cli" stand for pre-clipping, the first, the second, and the third clipping, respectively.

断根未明显影响 IAA 和 GA 在叶片和茬中的分布,仅仅在去叶次数较多时,断根会降低生长素在根系中的分布,增高赤霉素在根系中的分布,主要在于在第 3 次去叶 7 天后,根系中的 IAA、T_5 和 ZT_5 分别显著高于 B_5 和 B_5,根系中的 GA 含量、T_5 和 ZT_5 分别显著低于 B_5 和 B_5。外源细胞分裂素也未对 IAA 和 GA 在叶片和茬中的分布产生明确的影响,但可以促进赤霉素和生长素在根系中含量的增多,因为在第 3 次去叶 7 天后,根系中的 IAA 和 GA 含量 ZB_5 和 ZB_5 分别显著高于 T_5 和 B_5。

4. 再生叶片与激素含量的关系

由表 3.6 可知,第 2 次去叶 7 天后,再生叶片中的 GA 含量与叶片的再生生物量存在着极显著的正相关性关系,再生叶片中的 ABA 含量与叶片

的再生生物量存在着极显著的负相关性关系,不过第 3 次去叶 7 天后,GA 和 ABA 与叶片的再生生物量却并不存在着显著性的相关关系。每次去叶后 7 天再生叶片中的 IAA 含量与其生物量之间并没有显著性的相关关系存在。第 1 次去叶后 7 天再生叶片中的 Z+ZR 含量与叶片的再生生物量存在着极显著的负相关性关系,然而第 2 次和第 3 次去叶 7 天后,再生叶片中的 Z+ZR 含量与叶片的再生生物量存在着极显著的正相关性关系,所以,多次去叶时细胞分裂素是影响黑麦草叶片再生较为稳定的关键性因素。

表 3.6　再生叶生物量、叶中 IAA 含量、GA 含量、Z+ZR 含量、ABA 含量之间相关系数

Table 3.6　Correlation coefficients among newly grown leaf biomass, IAA, GA, ZR and ABA content in newly grown leaves in all treatments

		NGB	Z+ZR	IAA	GA
0-cli	Z+ZR	−0.879 * *			
	IAA	−0.521	0.746 * *		
	GA	0.265	−0.029	0.261	
	ABA	−0.402	0.109	−0.323	−0.87 * *1
2-cli	Z+ZR	0.798 * *			
	IAA	0.250	−0.165		
	GA	0.902 * *	0.596 *	0.386	
	ABA	−0.628 * *	−0.315	−0.520	−0.514
3-cli	Z+ZR	0.778 * *			
	IAA	0.511	0.443		
	GA	0.049	0.118	0.557	
	ABA	−0.003	−0.068	0.032	0.200

同一行字母不同表示差异显著($P \leqslant 0.05$)。"0-cli"、"1-cli"、"2-cli"、"3-cli"分别表示去叶前,第 1 次、第 2 次、第 3 次去叶 7 天后。"NGB"表示新生叶片的生物量。

NGB＝newly grown leaf biomass. "1-cli", "2-cli" and "3-cli" stand for pre-clipping, the first, the second, and the third clipping, respectively. $* P \leqslant 0.05$; $* * P \leqslant 0.01$.

第 1 次去叶后 7 天再生叶片中的 Z+ZR 含量与 IAA 含量存在着极显性的正相关关系,第 2 次去叶后 7 天再生叶片中的 Z+ZR 含量与 GA 含量存在着显性的正相关关系,但在第 3 次去叶后 7 天,Z+ZR 与 GA 以及 Z+ZR 和 IAA 之间并没有显著性的关系存在,而且每次去叶 7 天后再生叶片

中的 Z+ZR 含量与 ABA 含量之间并没有显著性的相关关系存在。所以，黑麦草去叶后再生叶片中的 IAA 含量、GA 含量和 ABA 含量并不是影响 Z+ZR 含量变化的稳定因素。而根据叶片激素含量与茬中以及根中激素含量的相关性分析（表 3.7）可知，只有在第 3 次去叶 7 天后，叶片中的 Z+ZR 含量才与根系中的 Z+ZR 含量存在着极显性的正相关关系，这也说明多次去叶时，根系与叶片中的 Z+ZR 含量存在着一定的联系。

表 3.7　各处理根、叶、茬中 Z+ZR、IAA、GA、ABA 含量之间的相关系数

Table 3.7　Correlation coefficients（R）among ZR content in the leaves, roots, and stubbles in all treatments

		1-cli		2-cli		3-cli	
		叶	根	叶	根	叶	根
Z+ZR	根	−0.416		0.399		0.716 ＊＊	
	茬	−0.896 ＊＊	0.499	−0.212	−0.768 ＊＊	−0.424	−0.071
IAA	根	0.305		0.407		0.571	
	茬	0.293	0.744 ＊＊	−0.651	−0.554	0.058	0.133
GA	根	0.817 ＊＊		0.022		−0.108	
	茬	0.519	0.627 ＊	−0.316	−0.889 ＊＊	−0.318	−0.416
ABA	根	0.497		0.385		0.325	
	茬	−0.282	−0.456	0.152	−0.236	0.075	−0.084

＊ $P \leqslant 0.05$；＊＊ $P \leqslant 0.01$. NGB=再生叶片生物量。""1-cli"、"2-cli"、"3-cli"分别表示第 1 次、第 2 次、第 3 次去叶 7 天后。

"1-cli"、"2-cli" and "3-cli" stand for pre-clipping, the first, the second, and the third clipping, respectively. ＊ $P \leqslant 0.05$；＊＊ $P \leqslant 0.01$.

3.2.4　讨论

1. 细胞分裂素与黑麦草再生

生长激素是控制植物生长的关键因素，对牧草的再生同样重要。从生长激素对去叶黑麦草再生的影响来看，赤霉素、生长素、脱落酸以及细胞分裂素这四中生长激素中，在多次去叶情况下，只有细胞分裂素与黑麦草的再生能力的强弱密切相关。因为第 2 次和第 3 次去叶后，断根黑麦草再生叶片中出现较低的 Z+ZR 含量，同时其再生叶片的生物量也较低；施加外源细胞分裂素的黑麦草比未施加外源细胞分裂素黑麦草再生叶片中的 Z+

ZR 含量高,相应地,它们再生叶片的生物量也较高。相关分析还表明,多次去叶时细胞分裂素是影响黑麦草叶片再生的相对较稳定的关键性因素。之所以会出现 Z+ZR 促进再生的现象,主要因为细胞分裂素不但是影响植物生长的一种重要的植物生长激素,而且许多学者的研究还表明,细胞分裂素对于植物的快速生长起着重要的作用(Choi and Hwang,2007;Xu et al.,2008;San-oh et al.,2006;Madhaiyan et al.,2006)。

　　2.根系与细胞分裂素

　　一般来说,根系是细胞分裂素合成的最主要的场所,然后其可以通过疏导组织被运转到地上部的茎叶中(Astot and Nordstorma,2000;Lu et al.,2009)。本研究中,在多次去叶时,各处理根系与叶片中的 Z+ZR 含量存在着显著性相关的关系,这说明多次去叶下根系中的 Z+ZR 与叶片中的 Z+ZR 存在着密切的联系。多次去叶下的黑麦草在断根时,其根系中较低的 Z+ZR 含量也会造成其叶片中较低的 Z+ZR 含量,这可在一定程度上进一步证实多次去叶下黑麦草根系中的 Z+ZR 与叶片中 Z+ZR 的密切关系。

　　其次,多次去叶下黑麦草叶片喷施外源细胞分裂素后,其叶片中较高的细胞分裂素含量也会引起根系中较高的细胞分裂素含量。此种现象可能揭示的是,叶中喷施外源细胞分裂素后,其细胞分裂素含量的增加减少了对根系中细胞分裂素的需求,从而导致根系中较高的细胞分裂素含量。这从一定程度上说明,多次去叶下黑麦草根系中的细胞分裂素直接影响叶片中的细胞分裂素。许多学者也曾报道植物根系的细胞分裂素影响叶片中的细胞分裂素(Bredmose et al.,2005;Lombard et al.,2006;Giehl et al.,2009)。

　　3.伤流量与细胞分裂素

　　伤流液是影响植物生长的,反映植物根系活性及其吸收水分和养分能力的一个非常重要的指标(Larbi et al.,2010;Atkinson et al.,2008;Oh et al.,2008)。然而,多次去叶下喷施外源细胞分裂素的黑麦草与未喷施外援细胞分裂素的黑麦草相比,其显现出较低的伤流量,但却具有较高的再生叶片的生物量。另外,与 T_5 相比,尽管多次去叶下 ZT_5 具有较低的伤流量,但二者的再生叶片的生物量却没有显著的差别。此外,多次去叶下再生叶片的生物量和伤流量之间并不存在着显著性的正相关关系。引起此种现象的可能原因在于多次去叶下黑麦草较低的叶片再生速率导致其对矿质养分和水分需求的锐减。因此,多次去叶下黑麦草根系吸收与其叶片再生之间并没有直接的联系。

　　根系分泌物质常常借助导管等疏导组织由根系向地上部的茎叶运输,

而伤流液是检测这种根-叶运输方式的重要手段(Zaicovski et al.,2008；Dodd et al.,2005)。所以,在去叶黑麦草根系能产生较多的细胞分裂素的情况下,以及加上大量伤流量向叶片的运输,就会促进叶片中细胞分裂素在叶片中的积累。

这有可能是第 3 次去叶后,未断根黑麦草叶片中细胞分裂素含量较高的主要原因。这主要在于第 3 次去叶后,断根黑麦草的根系伤流量均低于未断根黑麦草的根系伤流量,且断根黑麦草根系中的 Z+ZR 含量比未断根黑麦草的低。尽管第二次去叶 7 天后,T_5 处理具有较低的根系 Z+ZR 含量与 B_5 处理相比,然而由于其较高的伤流量,其再生叶片却展现出较高的 Z+ZR 含量。所以,借助伤流液的输送作用,根系中较低的 ZR 含量叶有可能引起再生叶片中高的 Z+ZR 含量。

多次去叶下,断根引起根系可溶性碳水化合物含量以及根系生物量的下降,这有损于根系的功能,因为与未断根黑麦草相比,断根黑麦草中具有较低的根系 Z+ZR 含量和较低的伤流量。作为一种根系代谢所利用的主要的物质,碳水化合物对于根系的功能至关重要。根系吸收水分和养分需要消耗大量的能量和物质,充足物质和能量的供应会有助于根的代谢,从而促进其分生组织产生大量的细胞分裂素。根系碳水化合物和生物量的大量损耗有损于根系的功能,这使多次去叶下黑麦草呈现较低的伤流量和根系 Z+ZR 含量,然而在较少去叶下黑麦草却呈现较高的伤流量和根系 Z+ZR 含量所证实。因此,黑麦草根系有机物质的损耗会导致其根系吸收以及分泌细胞分裂素等功能的衰竭。

植物根叶是一个统一的整体,叶片旺盛的生长需要强大的根系功能来提供有效的保证。相反,当根系功能受到抑制时,叶片的生长叶必然会受到影响。多次去叶下,断根黑麦草由于根系有机物质的大量损耗,其根系的功能受到严重的抑制,结果必然会影响到其叶片的再生。根系通过分泌细胞分裂素对叶片的再生施加影响。因此,集雨根叶互作机制,由根系诱导的叶片细胞分裂素是调控黑麦草持续再生的最关键因素。

3.2.5　小结

由多次去叶诱导的黑麦草根中的生物量和可溶性的碳水化合物的下降,导致了其伤流量和根系 Z+ZR 含量的下降。断根易造成根系生物量和根系可溶性碳水化合物含量的下降;另外,多次去叶下断根还易引起根系和叶片中 ZR 含量的下降。外源喷施细胞分裂素能增加叶片和根系中的细胞分裂素含量。叶片中较高的 Z+ZR 含量可促进黑麦草叶片的再生,而叶片的再生与根系的吸收能力并没有必然的联系。总之,由根系诱导的叶片细胞分裂素与黑麦草持续性再生有着密切的联系。

参考文献

[1]Schiborra A,Gierus M,Wan HW,Bai YF. Short-term responses of a Stipa grandis/Leymus chinensis community to frequent defoliation in the semi-arid grasslands of Inner Mongolia,China[J]. Agric Ecosyst Environ,2009,132:82—90.

[2]Zhao W,Chen SP,Lin GH. Compensatory growth responses to clipping defoliation in Leymus chinensis(Poaceae)under nutrient addition and water deficiency conditions[J]. Plant Ecol,2008,139:133—144.

[3]Guevara JC,Estevez OR,Stasi CR,Gonnet JM. Perennial grass response to 10-year cattle grazing in the Mendoza plain,Midwest Argentina [J]. J Arid Environ,2002,52:339—348.

[4]Shi K,Hu WH,Dong DK,Zhou YH,Yu JQ. Low O2 supply is involved in the poor growth in root-restricted plants of tomato(Lycopersicon esculentum Mill.)[J]. Environ Exp Bot,2007,61:181—189.

[5]Veselova SV,Farhutdinov RG,Veselov SY,Kudoyarova GR,Veselov DS,Hartung W. The effect of root cooling on hormone content,leaf conductance and root hydraulic conductivity of durum wheat seedlings (Triticum durum L.)[J]. J Plant Physiol,2005,162:21—26.

[6]Bano A. Root-to-shoot signal transduction in rice under salt stress [J]. Pak J Bot,2010,42:329—339.

[7]Yang JC,Zhang JH,Wang ZQ,Zhu QS,Liu LJ. Activities of fructan-and sucrose-metabolizing enzymes in wheat stems subjected to water stress during grain filling[J]. Planta,2004,220:331—343.

[8]Teng NJ,Wang J,Chen T,Wu XQ,Wang Y. H,Lin JX. Elevated CO_2 induces physiological,biochemical and structural changes in leaves of Arabidopsis thaliana[J]. New Phytologist,2006,172:92—103.

[9]Zhu SF,Gao F,Cao XS,Chen M,Ye GY,Wei CH,Li Y. The rice dwarf virus P2 protein interacts with ent-kaurene oxidases in vivo,leading to reduced biosynthesis of gibberellins and rice dwarf symptoms[J]. Plant Physiology,2005,139:1935—1945.

[10]Weiler EW,Jordan PS,Conrad W. Levels of indole-3-acetic acid in intact and decapitated coleoptiles as determined by a specific and highly sensitive

solid-phase enzyme immunoassay[J]. Planta,1981,153:561—571.

[11]Wu S,Chen W,Zhou X. Enzyme linked immunosorbent assay for endogenous plant hormones[J]. Plant Physiol Commun(China),1988,5:53—57..

[12]Zhang J,He Z,Wu Y. Establishment of an indirect enzyme-linked immunosorbent asssay for zeatin and zeatin riboside[J]. J. Beijing Agric Univ(China)Suppl,1991,17:145—151.

[13]He Z. Guidance to experiment on chemical control in crop plants. In ZP He,ed,Guidance to Experiment on Chemical Control in Crop Plants[M]. Beijing Agricultural University Publishers,Beijing,1993.

[14]Choi J,Hwang I. Cytokinin:perception,signal transduction,and role in plant growth and development[J]. J Plant Biol,2007,50:98—108.

[15]Xu Z,Wang P Y,Guo Y P. et al. Stem-swelling and photosynthate partitioning in stem mustard are regulated by photoperiod and plant hormones[J]. Environmental and Experimental Botany,2008,62:160—167.

[16]San-oh Y,Sugiyama T,Yoshita D. et al. The effect of planting pattern on the rate of photosynthesis and related processes during ripening in rice plants[J]. Field Crops Research,2006,96:113—124.

[17]Madhaiyan M,Poonguzhali S,Sundaramb S P. et al. A new insight into foliar applied methanol influencing phylloplane methylotrophic dynamics and growth promotion of cotton(Gossypium hirsutum L.)and sugarcane(Saccharum officinarum L.)[J]. Environmental and Experimental Botany,2006,57:168—176.

[18]Atkinson CJ,Harrison-Murray RS,Taylor JM. Rapid flood-induced stomatal closure accompanies xylem sap transportation of root-derived acetaldehyde and ethanol in Forsythia[J]. Environmental and Experimental Botany,2008,64:196—205.

[19]Lu Y L,Xu Y C,Shen Q R. et al. Effects of different nitrogen forms on the growth and cytokinin content in xylem sap of tomato(Lycopersicon esculentum Mill.)seedlings[J]. Plant Soil,2009,315:67—77.

[20]Bredmose N,Kristiansen K,Nørbæk R. et al. Changes in Concentrations of Cytokinins(CKs)in Root and Axillary Bud Tissue of Miniature Rose Suggest that Local CK Biosynthesis and Zeatin-Type CKs Play Important Roles in Axillary Bud[J]. J Plant Growth Regul,2005,24:238—250.

[21]Lombard P J,Cook N C,Bellsted D U. Endogenous cytokinin levels of table grape vines during spring budburst as influenced by hydrogen cyanamide application and pruning[J]. Scientia Horticulturae,2006,109:92—96..

[22]Giehl R F,Medal AR,Wirén N V. Moving up,down,and everywhere:signaling of micronutrients in plants[J]. Curr Opin Plant Biol,2009,12:320—327.

[23]Larbi A,Morales F,Abadìa A,Abadìa J. Changes in iron and organic acid concentrations in xylem sap and apoplastic fluid of iron-deficient Beta vulgaris plants in response to iron resupply[J]. Journal of Plant Physiology,2010,167:255—260.

[24]Atkinson C J,Harrison-Murray R S,Taylor J M. Rapid flood-induced stomatal closure accompanies xylem sap transportation of root-derived acetaldehyde and ethanol in Forsythia[J]. Environmental and Experimental Botany,2008,64:196—205.

[25]Oh K,Kato T,Xu H L. Transport of Nitrogen Assimilation in Xylem Vessels of Green Tea Plants Fed with NH_4-N and NO_3^- N[J]. Pedosphere,2008,18:222—226.

[26]Zaicovski C B Z,Zimmerman T,Nora L. et al. Water stress increases cytokinin biosynthesis and delays postharvest yellowing of broccoli florets[J]. Postharvest Biol. Technol,2008,49:436—439.

[27]Dodd I C. Root-to-shoot signalling:Assessing the roles of 'up' in the up and down world of long-distance signalling in planta[J]. Plant and Soil,2005,274:251—270.

3.3　梯度断根诱导细胞分裂素对黑麦草持续再生的影响

3.3.1　引　言

植物吸收营养物质及水分主要是通过根系从土壤中进行的,同时根系也是土壤—植物—大气连续体(Soil-Plant Atmosphere Continuum,SPAC)的主要输送带。同时养分的吸收和向地上部养分的运输也都是通过植物根系来进行的,其形态生理特征与地上部的生长发育有密切关系。根系化学讯号作为根系生理的重要组成部分,对植株的生长发育起重要调控作用,如根部合成的 ABA 可以调节植物的气孔运动,细胞分裂素可以促进地上部分的生长。所以当植物的根部受到不同程度的损伤时,植物的根部植物体内的激素和地上部分都会受到相应的影响,从而直接影响植物的再生。本研究拟采取不同程度的断根措施,来研究根系向叶片的输送速率的植物激素与叶片植物激素之间的联系,以及相应的叶片激素对再生的调控,从而为根系产生的植物激素对黑麦草再生的调控提供理论基础。

3.3.2　材料与方法

1.试验设计

本实验研究于河南科技大学农学院实验农场中进行,供试材料为由中国百绿集团提供的"沃土"多花黑麦草。2011 年 2 月,把多花黑麦草种在25℃环境的温室中培育两周。2011 年 3 月,把这些黑麦草幼苗移栽到 100个高 20 cm,装有 5.5 kg 土壤的塑料花盆里面(每盆土壤含有机碳量为13.5 g/kg),每盆种植 6 株聚在一起的幼苗。把这些移栽的幼苗放在室外两周后,从中挑选出 96 盆生长均一且健壮的幼苗来用于研究。

黑麦草在自然光照条件下生长 6 个星期后,大约到了黑麦草的拔节前期,取 6 盆带回实验室用来测量激素的样品,并立即测量根系活力、可溶性碳水化合物含量、根系伤流量和生物量。然后把剩余的 90 盆黑麦草去叶,留茬高度都为 5 cm,同时进行断根和未断根,以及喷施外源细胞分裂素和不喷施外源细胞分裂素,遮光与不遮光处理。根据断根以及喷施外源的细胞分裂素的不同,本研究设共分为 3 个试验,断根、遮光断根、喷施外源激素。试验-1 设 4 个处理,每个处理 12 盆,分别为:①不断根(T_0);②断 1/4根(T_1);③断 2/4 根(T_2);④断 3/4 根(T_3)。试验-2 设 4 个处理,每个处理 3 盆,分别为:①遮光未断根(S_0);②遮光断 1/4 根(S_1);③遮光断 2/4 根(S_2);④遮光断 3/4 根(S_3)。试验-3 设 10 个处理,每个处理 3 盆:①喷施低浓度细胞分裂素(CL);②喷施中等浓度细胞分裂素(CM);③喷施高浓度细胞分裂素(CH);④喷施低浓度赤霉素(GL);⑤喷施中等浓度赤霉素(GM);⑥喷施高浓度赤霉素(GH);⑦喷施低浓度生长素(AL);⑧喷施中等浓度生长素(AM);⑨喷施高浓度生长素(AH);⑩喷施外源激素(CK)。

采用剪刀剪叶的方法来进行去叶。据预研试验,黑麦草达到拔节期时具有良好的再生长能力,这是选择该时期来进行黑麦草去叶再生的主要依据。具体的断根方法如下:将花盆置于桌子上,在花盆纵向竖直的中间位置用一个 25 cm 长,2.5 cm 宽的薄背刀横切,使黑麦草根系水平横断成两截。用透明胶带使上下两部分保持连在一起。切割前,先向花盆中浇水,疏松和软化土壤,以方便切割。横切时,首先在花盆壁的中间切下,横向慢慢地推刀,横穿土壤切过。切开的同时,保持花盆上下两部分不要移动,以免破坏土壤。用黑色花盆(直径23 cm,高为30 cm)罩在试验-2的去叶黑麦草上来进行遮光,遮光度100%。外源喷施细胞分裂素的做法为:每次去叶后喷施一次浓度分别为20 mg/L,10 mg/L和5 mg/L的6-苄基腺嘌呤,然后隔3天再喷施一次。外源喷施赤霉素的做法为:每次去叶后喷施一次浓度分别为20 mg/L,10 mg/L和5 mg/L的赤霉素,然后隔3天再喷施一次。外源喷施生长素的做法为:每次去叶后喷施一次浓度分别为40 mg/L,20 mg/L和10 mg/L的吲哚乙酸,然后隔3天再喷施一次。

试验-1中每处理中的12盆黑麦草分为4组,每3盆1组,1盆为1个重复,每处理每次去叶为3个重复。每处理每隔7天去叶1次,留茬高度均为5 cm,共去叶4次,每次去叶后其中的一组带回实验室,取用来测量叶片以及伤流液中的激素含量,并立即测量根系活力、可溶性碳水化合物含量、根系伤流量和生物量等指标。试验-2和试验-3中每处理均为3个重复,且每次去叶后叶均留5 cm的茬高,每7天去叶1次。试验-2第2次去叶后基本停止了生长,第3次去叶时几乎未见到新生的叶片,故其共有2次去叶。山岩3共有4次去叶。

2.测量与方法

(1)生物量、可溶性糖与伤流液的量

用水冲洗的方法把黑麦草根系与土壤分离。去叶7天后被带到实验室进行相关测量的黑麦草,剪去叶片后留5 cm高的茬,所剪下的叶片命名为新生叶片。把新鲜根系、叶片,以及茬的样品放入烘箱中,在65℃的条件下烘60小时来测量其生物量。新生叶片和茬的生物量的和为地上部分的生物量。可溶性糖含量采用蒽酮法测定。称取剪碎混匀的新鲜样品0.1 g,放入大试管中,加入15 mL蒸馏水,在沸水浴中煮沸20 min,取出冷却,过滤入25 mL容量瓶中,用蒸馏水冲洗残渣数次,定容至刻度。取待测样品提取液1.0 mL加蒽酮试剂5 mL,在沸水浴中煮10 min,取出冷却,在620 nm波长下,测定光密度。

用称重法测定伤流液的量,具体操作如下:去叶后,0.2 g脱脂棉立即裹在切断茎秆的横断伤口处,然后用一张3 cm宽和4 cm长的密封塑料袋裹住脱脂棉以防伤流液蒸发,密封塑料袋用橡皮筋扎紧。12小时后称重脱脂棉,其重量的增加即为伤流液的量。用伤流液的重量除以1 g/cm³来计算伤流液的体积。接着将用来吸取伤流液的棉花置于一个10 mL的医用注射器中,用该注射器的活塞将该棉花用力压入注射器底部,挤出浸入棉花的伤流液。再接着向一杯挤压过的吸取伤流液的棉花中加入80%的甲醇

（含 1 mmol/L 的二叔丁基-4-甲基苯酚）1 mL，让其自然滴 15 s 的时间后再次用活塞用力挤压棉花，来提取残留于棉花上的伤流液。该过程连续重复 3 次以便尽可能地提取出来残留于棉花上的伤流液。伤流液以及被用甲醇提取的伤流液均收集于 5 mL 的离心管中。

（2）激素含量

伤流液提取后立即注入 C-18 萃取小柱，用氮气吹干后置于－80℃的冰箱保存以备测定激素用。新鲜的叶样品 1～3 g，用液氮冷冻 30 min 后，储存在零下 80℃冰箱中，以备其后测量内源激素含量用。测量内源激素含量时，称取每个冷冻样品约 0.7 g，混合 80% 的甲醇（含 1 mmol/L 的二叔丁基-4-甲基苯酚），研磨成匀浆，并在 4℃下萃取 4 小时。萃取后将样本匀浆在 7 000 r/min 转速下离心 15 min，分离沉淀后吸取上清液。沉淀另加 80% 甲醇萃取 1 小时，再次吸取上清液。上清液注入 C-18 柱进行固相萃取，萃取后用氮气吹干。叶片和伤流液的氮气吹干后的残留物溶解在 0.01 mol/L 磷酸盐缓冲液中（pH 为 7.4）。据 Teng et al. (2006) 和 Zhu et al. (2005)，利用酶联免疫吸附试验（ELISA）测定生长素（IAA），赤霉素（GA$_3$），细胞分裂素（ZR），脱落酸（ABA）含量。小鼠单克隆抗体的生长素（IAA），赤霉素（GA$_3$），细胞分裂素（ZR），脱落酸（ABA），以及酶联免疫吸附试验中使用的抗体 IgA 都是由中国农业大学植物激素研究所生产的。

酶联免疫吸附试验是在 96 孔酶标板上进行的。每孔均包被有 100 μL 的缓冲液（1.5 g·L^{-1} 碳酸钠，2.93 g·L^{-1} 碳酸氢钠，0.02 g·L^{-1} NaN$_3$，pH 为 9.6），该缓冲液中还包含 0.25 μg·mL^{-1} 用来与激素进行反应的抗原。将用来测定赤霉素（GA$_3$），细胞分裂素（ZR）和脱落酸（ABA）的酶标板置于 37℃ 培养箱培养 4 小时，而将用来测定生长素（IAA）的酶标板在 4℃ 下培养一整夜，然后在室温下保存 30～40 min。用 PBS 和 Tween 20 [0.1%（V/V)]（pH 为 7.4）缓冲液洗涤 4 次后，每个孔中充满 50 μL 黑麦草样本提取液或生长素（IAA）、赤霉素（GA$_3$）、细胞分裂素（ZR）、脱落酸（ABA）的标准液（0～2 000 ng·mL^{-1} 稀释范围），50 μL 的 20 μg·mL^{-1} 抗生长素（IAA）、赤霉素（GA$_3$）、细胞分裂素（ZR）、脱落酸（ABA）的各种抗体。

将测定赤霉素（GA$_3$）、细胞分裂素（ZR）、脱落酸（ABA）的酶联免疫实验酶标板放于 28℃ 的条件下培养 3 h，将测定生长素（IAA）的酶联免疫酶标板置于 4℃ 的条件下培养一整夜，然后用同样的方法洗涤上述的板。将 100 μL 的 1.25 μg·mL^{-1} IgG-HRP 底物加入到每个孔中，并在 30℃ 下培养 1 小时。板用 PBS＋Tween 20 缓冲液漂洗 5 次，然后将 100 μL 显色液（含有 1.5 mg·mL^{-1} 邻苯二胺和 0.008%（V/V）的过氧化氢）添加到每个孔中。每孔中加入 50 μL 6N H$_2$SO$_4$ 使反应停止，盛有 2000 ng·mL^{-1} 标准液的颜色变苍白时,孔中 0 ng·mL^{-1}标准液的显色深。每孔的颜色发生变化,用酶标仪(型号 DG-5023,中国南京华东电子管厂)在 A490 下检测。

本研究中,通过向分离出的提取物中加入已知量的标准激素来计算各激素的回收率。IAA、GA、ZR、ABA 的回收率分别为 79.2%,78.6%,80.2%、83.0%,表示没有特异性单克隆抗体存在于提取物中。单克隆抗体的特异性,以及其他可能的非特异性的免疫交叉反应已被几位学者检验过,证实比较可靠。本文中图和表中的所有数据均为平均值,用 SAS(version 6.12)进行分析。最小显著差数法用来进行处理间的多重比较。

3.3.3　结果与分析

1. 生物量

由表3.8可知,每次去叶后7天试验-1各处理新生叶、地上部分的生物量均呈下降趋势,这说明多次去叶能抑制黑麦草的再生。每次去叶后7天所测量出来的新生叶生和地上部分物量,T_0 处理显著高于 T_1、T_2 和 T_3 处理。因此,断根能显著抑制黑麦草的再生。而每次去叶后7天所测量出来的新生叶生和地上部分物量,T_1、T_2 处理要显著高于 T_3 处理,因此与轻度断根、中度断根相比,重度断根阻碍了黑麦草的再生。第1次、第2次去叶后7天所测量出来的新生叶生和地上部分物量,T_1 处理要显著高于 T_2 处理,但到第3次、第4次去叶后7天 T_1、T_2 处理之间差异不显著。因此,去叶次数较多时,轻度断根和中度断根对黑麦草再生的影响趋于一致。

表 3.8　试验-1 各处理黑麦草再生生物量

Table 3.8　Biomasses of ryegrass in the different treatments in Exp-1

		T_0	T_1	T_2	T_3
再生叶片生物量 (g/盆)	1-cli	2.73a	2.37b	1.68c	1.39d
	2-cli	1.76a	1.49b	1.27c	0.92d
	3-cli	1.46a	1.00b	0.98b	0.87c
	4-cli	1.38a	0.96b	0.94b	0.86c
地上部分生物量 (g/盆)	0-cli	8.82a	8.82a	8.82a	8.82a
	1-cli	6.48a	6.34a	4.94b	4.40c
	2-cli	5.57a	4.89b	4.76c	4.11d
	3-cli	5.08a	4.59b	3.85c	3.42d
	4-cli	5.11a	4.41b	4.16b	3.98c

		T₀	T₁	T₂	T₃
根系生物量 （g/盆）	0-cli	5.35a	3.65b	2.41c	1.06d
	1-cli	5.21a	4.83b	5.03b	3.86c
	2-cli	5.18a	4.62b	4.92b	3.75c
	3-cli	5.07a	4.59b	4.30b	2.46c
	4-cli	4.67a	3.66b	3.89b	2.07c

同一行字母不同表示差异显著（$P \leqslant 0.05$）。"0-cli"、"1-cli"、"2-cli"、"3-cli"、"4-cli"分别表示去叶前、第1次、第2次、第3次、第4次去叶7天后。

In the same rows, different letters correspond to significant differences at $P \leqslant 0.05$. "0-cli", "1-cli", "2-cli" and "3-cli" stand for pre-clipping, the first, the second and the third clipping, respectively. (the same below)

从去叶前到第 4 次去叶后 7 天，T₀ 处理根系生物量逐渐降低，而 T₁、T₂、T₃ 处理根系生物量逐渐升高。由于断根作用减少了 T₁、T₂ 和 T₃ 处理的根系生物量，每次去叶后 7 天根系的生物量，T₀ 处理显著高于 T₁、T₂ 和 T₃ 处理。每次去叶后 7 天的根系生物量，T₁ 和 T₂ 处理之间无显著性差异，但 T₁、T₂ 显著高于 T₃ 处理。因此，与轻度断根和中度断根处理相比，重度断根更易引起根系生物量的减少。

由图 3.1 可知，第 1 次、第 2 次去叶后 7 天所测量的试验-2 单次新生叶生物量以及两次新生叶生物量之和，S₀、S₁ 和 S₂ 处理之间均无显著差异，但是第一次、第二次去叶后 7 天所测量的两次新生叶生物量之和，S₀、S₁ 和 S₂ 处理显著高于 S₃ 处理。由表 3.9 可知，试验-3 中去叶次数较多时只有喷施外源细胞分裂素能增加新生叶的生物量。第 4 次去叶后 7 天的新生叶生物量，CL 和 CM 处理显著高于其他处理。

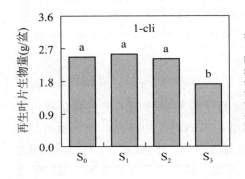

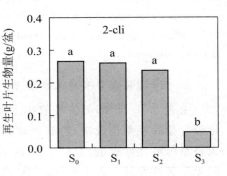

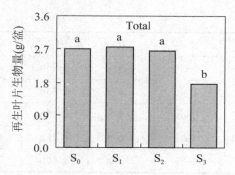

图 3.1　试验-2 各处理再生叶片的生物量

不同的字母表示处理间的差异显著（$P \leqslant 0.05$）。"1-cli"、"2-cli"分别表示第 1 次、第 2 次去叶 7 天后的生物量。"Total"表示第 1 次、第 2 次去叶 7 天后的生物量的和。

Fig 3.1　Biomasses of ryegrass in the different treatments in Exp-2

Different letters correspond to significant differences at $P \leqslant 0.05$. "1-cli", "2-cli" and "Total" stand for the first clipping, the second clipping, and the total biomass of the first and second clippings.

表 3.9　试验-3 各处理黑麦草再生生物量

Table 3.9　Biomasses of ryegrass in the different treatments in Exp-3

	CL	CM	CH	AL	AM	AH	GL	GM	GH	CK
1-cli	2.05f	2.89c	2.96c	2.69d	2.44e	2.54de	2.56	3.76b	4.08a	2.73d
2-cli	1.50	2.22c	1.87de	1.73ef	1.65f	1.94d	2.12c	2.41b	2.77a	1.67f
3-cli	1.23f	1.82a	1.37e	1.67bc	1.60cd	1.68bc	1.76ab	1.52d	1.63cd	1.48d
4-cli	1.34a	1.35a	1.19b	0.94c	1.19b	1.11b	0.94c	0.68d	0.71d	1.17b

同一行字母不同表示差异显著（$P \leqslant 0.05$）。"1-cli"、"2-cli"、"3-cli"、"4-cli"分别表示第 1 次、第 2 次、第 3 次、第 4 次去叶 7 天后。

In the same rows, different letters correspond to significant differences at $P \leqslant 0.05$. "1-cli", "2-cli", "3-cli" and "4-cli" stand for the first, the second, the third and the fourth clipping, respectively.

2. 可溶性糖含量和根系伤流量

由表 3.10 可知，与去叶前相比，试验-1 每次去叶后 7 天所测量的可溶性糖含量和根系伤流量，所有处理都出现不同程度的降低。每次去叶后 7 天根系可溶性糖含量，T_0、T_1 和 T_2 显著高于 T_3 处理，而 T_1 与 T_2 处理之间无显著性差异。第 1 次、第 2 次、第 3 次去叶后 7 天可溶性糖含量，T_0 处理显著高于 T_1 和 T_2 处理，但第 4 次去叶后 7 天，T_0、T_1 和 T_2 处理之间无显著性差异。这说明重度断根更易引起根系可溶性糖含量的降低,而去叶次数较多时,轻度断根、中度断根与未断根对可溶性糖含量的影响趋于一致。第 1 次、第 2 次、第 3 次去叶后 7 天所测量的根系伤流量,T_0、T_1 和 T_2 处理显著高于 T_3 处理,但第 4 次去叶后 7 天所有处理之间无显著性差异。

表 3.10　试验-1 各处理根系可溶性糖含量和伤流量

Table 3.10　Soluble carbohydrate content and roots xylem sap quantity in the different treatments in Exp-1

		T_0	T_1	T_2	T_3
根系可溶性糖含量（mg/g）	0-cli	196.89			
	1-cli	175.13a	161.43ab	151.41b	120.08c
	2-cli	143.37a	125.37bc	134.02ab	115.60c
	3-cli	93.16a	81.94b	79.33b	57.80c
	4-cli	76.01a	75.53a	76.41a	68.24b
根系伤流量（mg/pot * h）	0-cli	109.95			
	1-cli	74.67a	77.15a	78.20a	40.52b
	2-cli	78.00a	75.69a	76.78a	62.95b
	3-cli	77.06a	76.25a	77.90a	75.69a
	4-cli	61.27a	60.81a	60.45a	61.17a

同一行字母不同表示差异显著（$P \leqslant 0.05$）。0-cli"、"1-cli"、"2-cli"、"3-cli"、"4-cli"分别表示去叶前,第 1 次、第 2 次、第 3 次、第 4 次去叶 7 天后。

In the same rows, different letters correspond to significant differences at $P \leqslant 0.05$. "0-cli", "1-cli", "2-cli", "3-cli" and "4-cli" stand for pre-clipping, the first, the second, the third, and the fourth clipping, respectively.

3. 生长素和赤霉素

由表 3.11 可知,从第 1 次去叶后 7 天到第 4 次去叶后 7 天新生叶的 IAA 含量,所有处理均呈现升高趋势,因此多次去叶能引起新生叶 IAA 含量的增加。多次去叶对新生叶中 GA 含量的影响很小。第 3 次去叶后 7 天新生叶 IAA 含量,T_2、T_3 处理显著高于 T_0、T_1 处理,第 4 次去叶后 7 天新生叶 IAA 含量,T_1、T_2 和 T_3 处理显著高于 T_0 处理。同时第 3、4 次去叶后 7 天新生叶 GA 含量,T_2、T_3 处理显著高于 T_0、T_1 处理。因此,去叶次数较多时断根易引起新生叶 GA 含量的升高,但多次去叶和断根对根、茎中

IAA 和 GA 含量以及根、叶和茬中 ABA 含量均未呈现有规律的影响。由表 3.12 可知,多次去叶对伤流液中 IAA 和 GA 含量以及它们由根向叶的输送速率的影响均很小。每次去叶后 7 天 GA 由根向叶的输送速率,T_2、T_3 处理显著高于 T_0、T_1 处理,这说明中度和重度断根能引起伤流液中 GA 由根向叶的输送速率的增加。

表 3.11　试验-1 各处理去叶后新生叶、根和茬中 IAA 和 GA 含量

Table 3.11　IAA and GA contents of the newly grown leaves, roots, and stubbles in different treatments after leaf clipping in Exp-1

		IAA(ng/g)				GA(ng/g)			
		T_0	T_1	T_2	T_3	T_0	T_1	T_2	T_3
叶	0-cli	136.78				8.69			
	1-cli	159.34a	147.46b	103.72c	103.99c	6.15c	12.63a	11.21a	24.35b
	2-cli	51.72c	111.45b	36.68d	216.08a	12.99c	14.42b	16.15ab	17.88a
	3-cli	155.72c	62.29d	302.07b	318.18a	9.81b	9.70b	12.90a	7.11c
	4-cli	187.52c	332.80a	249.64b	345.14a	8.94c	3.74d	18.67a	14.19b
茬	0-cli	157.86				20.35			
	1-cli	174.25b	107.40d	155.74c	411.59a	33.09a	19.76c	22.20b	24.90b
	2-cli	310.07c	255.90d	438.33a	344.74b	32.00a	24.68c	26.05c	29.63b
	3-cli	177.16b	129.79c	234.88a	62.70d	24.99b	29.37a	26.97b	31.96a
	4-cli	64.60c	201.05b	182.86b	311.56a	50.05a	7.47c	8.71c	38.77b
根	0-cli	131.25				27.86			
	1-cli	1344.28a	243.64c	1289.56a	471.74b	29.15b	33.55a	3.20d	16.62c
	2-cli	527.06d	1826.96a	1601.44b	695.47c	16.33c	9.84d	30.16a	24.24b
	3-cli	131.16c	138.79c	734.52a	431.64b	27.43b	37.38a	21.94c	37.90a
	4-cli	150.25d	444.99c	779.90a	618.19b	29.31a	6.61d	13.45c	21.41b

同一行字母不同表示差异显著($P \leqslant 0.05$)。"0-cli"、"1-cli"、"2-cli"、"3-cli"、"4-cli"分别表示去叶前,第 1 次、第 2 次、第 3 次、第 4 次去叶 7 天后。

In the same rows, different letters correspond to significant differences at $P \leqslant 0.05$. "0-cli", "1-cli", "2-cli", "3-cli" and "4-cli" stand for pre-clipping, the first, the second, the third, and the fourth clipping, respectively.

表 3.12　试验-1 各处理伤流液中 IAA 和 GA 含量及由根至叶传输速率

Table. 3.12　Rates of IAA and GA from roots to leaves in all treatments in Exp-1

		伤流液中的含量（ng/g）				由根系向叶片的输送速率（ng/d）			
		T_0	T_1	T_2	T_3	T_0	T_1	T_2	T_3
IAA	1-cli	59.62c	160.97a	146.51b	30.63d	106.84b	298.06a	274.99a	29.79c
	2-cli	121.93a	15.26c	15.83c	54.08b	228.26a	27.71c	29.17c	81.70b
	3-cli	189.90a	151.06b	154.13b	13.96c	351.19a	276.44b	288.15b	25.36c
	4-cli	36.73d	201.36b	239.74a	122.03c	54.01d	293.90b	347.80a	179.16c
GA	1-cli	14.55b	12.04c	2.78d	20.53a	26.08a	22.29b	5.22d	19.96c
	2-cli	12.24a	12.19a	11.89b	12.43a	22.91a	22.15a	21.90a	18.78b
	3-cli	19.23a	21.82a	15.70b	20.50a	35.56b	39.93a	29.36c	37.25ab
	4-cli	33.16b	38.32a	28.34c	24.68d	48.76b	55.93a	41.11c	36.23d

同一行字母不同表示差异显著（$P \leqslant 0.05$）。"1-cli""2-cli""3-cli""4-cli"分别表示第 1 次、第 2 次、第 3 次、第 4 次去叶 7 天后。

In the same rows, different letters correspond to significant differences at $P \leqslant 0.05$. "0-cli", "1-cli", "2-cli", "3-cli" and "4-cli" stand for pre-clipping, the first, the second, the third, and the fourth clipping, respectively.

4. 脱落酸和细胞分裂素

由表 3.13 和表 3.14 可知，从第 1 次去叶后天到第 4 次去叶后 7 天试验-1 所有处理新生叶的 Z+ZR、IPA+IPS 和 Z+ZR+IPS+IPA 含量呈现下降趋势。由于 Z、ZR、IPA、IPS 为细胞分裂素的主要的组成成分。因此多次去叶能降低新生叶的细胞分裂素含量。第 3、4 次去叶后 7 天新生叶 Z+ZR、IPA+IPS 和 Z+ZR+IPS+IPA 含量，T_0 处理显著高于 T_1、T_2 和 T_3 处理，同时 T_1 和 T_2 处理显著高于 T_3 处理。因此去叶次数较多时，断根易引起新生叶细胞分裂素含量的下降，而重度断根更易引起新生叶和根系中细胞分裂素含量的大幅下降。第 4 次去叶后 7 天茬中 Z+ZR、IPA+IPS 和 Z+ZR+IPS+IPA 含量，T_0 处理显著高于 T_1、T_2 和 T_3 处理，这说明去叶次数较多时，断根亦能引起茬中细胞分裂素含量的降低。去叶次数和断根均未能对叶片、茬中和根系中的 ABA 含量，产生有规律的影响。

由表 3.15 可知，伤流液中 Z、ZR、IPA、IPS 含量在一定程度上反映了根系分泌这些物质的能力。第 2、3、4 次去叶后 7 天伤流液中 Z+ZR、IPA+IPS和 Z+ZR+IPS+IPA 含量及由根向叶的输送速率，T_0 处理显著高于 T_1、T_2 和 T_3 处理，T_1 和 T_2 处理显著高于 T_3 处理。因此，去叶次数较多时,断根易引起根系分泌细胞分裂素及细胞分裂素向地上部分运输速率的降低,而重度断根更易引起根系分泌细胞分裂素及细胞分裂素向地上部分运输速率的大幅下降。去叶次数和断根均未能对伤流液中的 ABA 含量及其由根系向叶片的输送速率产生有规律的影响。

表 3.13 试验-1 各处理去叶后新生叶、根和茬中 Z＋ZR 和 IPS＋IPA 含量

Table 3.13　Z＋ZR and IPS＋IPA content of the newly grown leaves, roots, and stubbles in different treatments after leaf clipping in Exp-1

		Z＋ZR(ng/g)				IPS＋IPA(ng/g)			
		T_0	T_1	T_2	T_3	T_0	T_1	T_2	T_3
叶	0-cli	186.98				125.67			
	1-cli	171.70c	125.77d	214.42b	239.17a	123.20c	166.64b	158.29b	227.99a
	2-cli	230.78a	157.46b	150.36b	114.90c	139.12c	154.59b	240.78a	162.47b
	3-cli	132.96b	150.55a	115.84c	50.68d	199.19a	175.91b	109.67c	65.75d
	4-cli	90.68a	74.46b	65.21c	39.48d	108.51a	78.88c	88.49b	55.13d
茬	0-cli	59.67				29.87			
	1-cli	54.83a	28.39d	37.84c	46.79b	54.59d	169.25b	210.87a	141.51c
	2-cli	140.10a	88.19c	69.69d	90.63b	59.09a	39.25b	55.40a	39.92b
	3-cli	104.12c	119.40b	109.75bc	135.90a	71.62c	147.78a	32.03d	87.66b
	4-cli	172.27a	111.41c	103.46c	125.45b	47.99a	34.91b	23.44c	38.07b
根	0-cli	67.56				39.67			
	1-cli	71.31a	48.07b	24.09c	14.57d	48.35a	49.43a	42.16b	47.23a
	2-cli	13.95c	24.13c	28.89b	44.66a	41.48c	42.89c	52.65b	76.31a
	3-cli	37.35b	32.12b	43.28a	46.03a	113.82b	103.39b	146.34a	64.94c
	4-cli	66.43a	70.08a	52.65b	23.00c	103.22b	127.75a	96.54b	87.43c

同一行字母不同表示差异显著($P \leqslant 0.05$)。"0-cli"、"1-cli"、"2-cli"、"3-cli"、"4-cli"分别表示去叶前、第 1 次、第 2 次、第 3 次、第 4 次去叶 7 天后。

In the same rows, different letters correspond to significant differences at $P \leqslant 0.05$. "0-cli", "1-cli", "2-cli", "3-cli" and "4-cli" stand for pre-clipping, the first, the second, the third, and the fourth clipping, respectively.

表 3.14　试验-1 各处理去叶后新生叶、根和茬中 Z＋ZR＋IPS＋IPA 和 ABA 含量

Table 3.14　Z＋ZR＋IPS＋IPA and ABA content of the newly grown leaves, roots, and stubbles in different treatments after leaf clipping in Exp-1

		Z＋ZR＋IPS＋IPA(ng/g)				ABA(ng/g)			
		T_0	T_1	T_2	T_3	T_0	T_1	T_2	T_3
叶	0-cli	302.57				1006.87			
	1-cli	294.90c	292.41c	372.71b	467.16a	1028.35	1329.04	1549.26a	1678.07a
	2-cli	369.90a	312.04b	391.14a	277.37c	414.94c	1289.06a	1203.66a	714.79b
	3-cli	332.15a	326.46a	225.51b	116.43c	629.18c	235.25d	1532.69a	881.97b
	4-cli	199.19a	153.34b	153.69b	94.62c	781.21b	981.06a	475.06c	393.11d
茬	0-cli	187.69				657.35			
	1-cli	109.43c	197.63b	248.71a	188.30b	764.46a	408.70b	685.10a	730.94a
	2-cli	147.46a	142.55a	125.10b	145.35a	91.29c	101.97b	36.19d	392.27a
	3-cli	175.74c	260.46a	141.78d	210.48b	271.27b	377.30a	183.39c	411.77a
	4-cli	220.26a	152.78b	133.15c	163.51b	902.18a	103.33d	172.48c	764.84b
根	0-cli	95.67				203.56			
	1-cli	119.66a	97.50b	66.24c	61.80c	383.02a	273.46b	94.45d	172.85c
	2-cli	55.43d	67.02c	81.54b	120.97a	109.95d	244.92b	153.02c	279.73a
	3-cli	151.18b	135.50b	189.51a	110.97c	344.36a	166.10c	290.34b	171.71c
	4-cli	169.66b	197.83a	149.73c	110.42d	26.69c	114.35b	68.26d	149.38a

同一行字母不同表示差异显著($P \leqslant 0.05$)。"0-cli"、"1-cli"、"2-cli"、"3-cli"、"4-cli"分别表示去叶前、第 1 次、第 2 次、第 3 次、第 4 次去叶 7 天后。

In the same rows, different letters correspond to significant differences at $P \leqslant 0.05$. "0-cli", "1-cli", "2-cli", "3-cli" and "4-cli" stand for pre-clipping, the first, the second, the third, and the fourth clipping, respectively.

表 3.15　试验-1 各处理伤流液中 Z＋ZR、IPS＋IPA 和
Z＋ZR＋IPS＋IPA 含量及由根至叶传输速率

Table 3.15　Rates of Z＋ZR，IPS＋IPA，and Z＋ZR＋IPS＋IPA delivery from roots to leaves in all treatments in Exp-1

		伤流液中的含量（ng/g）				由根系向叶片的输送速率（ng/d）			
		T_0	T_1	T_2	T_3	T_0	T_1	T_2	T_3
Z＋ZR	1-cli	12.58b	13.61b	13.01b	47.36a	22.54b	25.20b	24.41b	46.06a
	2-cli	15.29b	19.66b	10.44c	6.56d	38.62a	35.71a	19.23b	9.92c
	3-cli	21.28a	14.24b	4.26c	12.80b	39.35a	26.06b	7.96c	23.25b
	4-cli	43.39a	40.92a	29.15b	27.28b	63.80a	59.72a	42.29b	40.05b
IPS＋IPA	1-cli	39.72a	27.74b	29.75b	39.39a	71.17a	51.37b	55.83b	38.30c
	2-cli	15.46b	22.87a	8.79c	8.16c	28.95b	41.54a	16.20c	12.33d
	3-cli	76.30a	59.44b	56.48bc	52.31c	141.40a	108.79b	105.59b	95.03c
	4-cli	116.45a	88.52b	95.75b	49.70c	171.25a	129.20b	138.91b	72.97c
Z＋ZR＋IPS＋IPA	1-cli	52.30b	41.35c	42.76c	86.75a	93.71a	76.57c	80.25bc	84.36b
	2-cli	30.75b	42.53a	19.23c	14.72d	57.57b	77.25a	35.43c	22.24d
	3-cli	97.57a	73.69b	60.74c	65.11c	180.45a	134.85b	113.56c	118.28c
	4-cli	159.84a	129.44b	124.90b	76.98c	235.05a	188.92b	181.20b	113.02c
ABA	1-cli	91.21d	136.66c	151.43b	201.14a	50.90d	73.81c	80.68b	206.84a
	2-cli	78.48c	50.42d	163.70b	303.70a	41.92c	27.76d	88.84b	201.01a
	3-cli	146.86d	309.02a	176.66c	210.60b	79.42d	168.86a	94.50c	115.94b
	4-cli	1501.27a	1641.72a	1189.10b	184.06c	1020.90a	1124.81a	819.64b	125.37c

同一行字母不同表示差异显著（$P \leqslant 0.05$）。"1-cli"、"2-cli"、"3-cli"、"4-cli"分别表示第 1 次、第 2 次、第 3 次、第 4 次去叶 7 天后。

"1-cli"，"2-cli"，"3-cli" and "4-cli" stand for pre-clipping，the first，the second，the third，and the fourth clipping，respectively．* $P \leqslant 0.05$；** $P \leqslant 0.01$．

5. 新生叶生物量与激素含量

由表 3.16 可知，第 2、4 次去叶后 7 天新生叶中 Z＋ZR 和 Z＋ZR＋IPA＋IPS含量与再生叶生物量之间存在着显著的正相关关系。因此，多次去叶下细胞分类素是影响黑麦草再生的关键性因素。由表 3.17 可知，第 4 次去叶后 7 天，新生叶中的 Z＋ZR 含量与根系中的 Z＋ZR 含量，以及 Z＋ZR 由根系向叶片中的输送速率之间均存在着显著正相关关系。第 3、4 次

去叶后 7 天叶片中的 IPA＋IPS 与 IPA＋IPS 由根系向叶片的输送速率之间均存在着显著正相关关系,第 3 次去叶后 7 天新生叶中 Z＋ZR＋IPA＋IPS 含量与 Z＋ZR＋IPA＋IPS 由根系向叶片的输送速率含量存在着显著正相关关系,以及第 4 次去叶后 7 天新生叶中的 Z＋ZR、IPA＋IPS,以及 Z＋ZR＋IPA＋IPS 含量与它们由根系向叶片输送速率之间存在着显著正相关关系。这都说明多次去叶下,根系中细胞分裂素含量直接影响着新生叶中的细胞分裂素含量。

表 3.16　试验-1 各处理叶中 IAA,GA,ZR 和 ABA 含量与新生叶生物量之间相关系数

Table 3.16　Correlation coefficients(R)among newly grown leaf biomass,IAA,GA₃, ZR and ABA content in newly grown leaves in all treatments in Exp-1

	Z＋ZR	IPA＋IPS	Z＋ZR＋IPA＋IPS	ABA	IAA	GA
1-cli	−0.666	−0.707	−0.728	−0.297	0.292	−0.680
2-cli	0.744 * *	0.320	0.597 *	−0.168	−0.607	0.527
3-cli	0.413	0.302	0.436	0.016	−0.327	0.530
4-cli	0.680 *	0.356	0.675 *	0.060	−0.639	0.357

"1-cli"、"2-cli"、"3-cli" 、"4-cli"分别表示第 1 次、第 2 次、第 3 次、第 4 次去叶 7 天后。* $P \leqslant 0.05$; * * $P \leqslant 0.01$。

"1-cli","2-cli","3-cli" and "4-cli" stand for pre-clipping,the first,the second,the third,and the fourth clipping,respectively. * $P \leqslant 0.05$; * * $P \leqslant 0.01$.

表 3.17　试验-1 各处理叶中的激素有它们在根、茬,
以及由根向叶输送速率之间相关系数

Table 3.17　Correlation coefficients(R)between Z＋ZR,ABA,IAA,and GA₃ contents in the leaves with their delivery rates from roots to leaves in all treatments in Exp-1

		Leaves					
		Z＋ZR	IPA＋IPS	Z＋ZR＋IPA＋IPS	ABA	IAA	GA
	RD	0.675 *	−0.929 **	0.062	0.293	0.018	−0.050
1-cli	Roots	−0.671 *	−0.139	−0.813 **	−0.355	0.650 *	−0.252
	Stubbles	0.409	0.137	0.156	0.146	0.370	−0.354
	RD	0.532	−0.466	0.106	−0.041	−0.176	−0.289
2-cli	Roots	−0.853 **	0.088	−0.490	0.147	0.190	0.528
	Stubbles	−0.238	0.271	−0.405	−0.205	0.522	−0.210

续表

		Leaves					
		Z＋ZR	IPA＋IPS	Z＋ZR＋IPA＋IPS	ABA	IAA	GA
3-cli	RD	0.380	0.761＊	0.686＊	−0.414	−0.544	−0.676＊
	Roots	−0.717＊＊	0.360	0.313	0.181	−0.951＊＊	−0.789＊＊
	Stubbles	−0.554	0.342	0.175	−0.283	−0.441	−0.406
4-cli	RD	0.714＊＊	0.862＊＊	0.917＊＊	0.410	0.298	−0.746＊＊
	Roots	0.899＊＊	0.166	0.641＊	−0.158	0.526	0.170
	Stubbles	0.543	0.182	0.501	−0.148	−0.206	0.004

"1-cli"、"2-cli"、"3-cli"、"4-cli"分别表示第1次、第2次、第3次、第4次去叶7天后。"RD"表示又跟想也的输送速率。＊$P \leqslant 0.05$；＊＊$P \leqslant 0.01$。

"1-cli"，"2-cli"，"3-cli" and "4-cli" stand for pre-clipping, the first, the second, the third, and the fourth clipping, respectively. ＊ $P \leqslant 0.05$；＊＊ $P \leqslant 0.01$.

3.3.4 讨论

遮光条件下，去叶黑麦草叶片的再生所需的碳水化合物完全依赖于本身贮存的碳水化合物的供给。与 S_0 相比，由于断根的作用，S_1 和 S_2 会大大减少根系的量，以及相应的其贮存的碳水化合物的量。然而 S_1 和 S_2 再生叶片的生物量与 S_0 并没有显著的差别。这说明根系中贮存的碳水化合物几乎未参与到再生叶片的生长过程中去。S_3 的再生叶片的生物量均显著低于 S_1、S_2、S_3，这与根系的再生大量消耗了地上部分的碳水化合物有密切的关系。因为由于 S_3 断根程度最大，刺激了其根系大量的生长。试验1中第1次去叶7天后 T_3 处理根系的生物量增加了264.2％，而 T_1 和 T_2 近增加了32％和108.7％。可见，地上部分的茬中贮存的碳水化合物是黑麦草再生所利用的贮存碳水化合物的主体。所以，黑麦草根系对其持续性再生的调控不会以供给其本身贮存的碳水化合物为主。

植物激素是调控其生长的非常关键物质，本研究通过检测 IAA、GA、ABA、Z＋ZR、IPA＋IPS 发现只有细胞分裂素与持续性再生的关系最为密切。首先，多次去叶引起 Z＋ZR 和 IPA＋IPS 在新生叶片中含量的降低，同时也引起兴盛叶片生物量的降低；其次，多次去叶下试验1各处理的新生叶片的生物量与 Z＋ZR 以及 Z＋ZR＋IPA＋IPS 含量存在着显著性的正相关关系。再之，经试验3证实向去叶黑麦草喷施细胞分裂素（苄氨基嘌呤）、生长素(3-吲哚乙酸)、赤霉素(GA_3),发现只有在喷施细胞分裂素的情况下,才能促进多次去叶黑麦草生长,喷施赤霉素后使去叶黑麦草在多次去叶后停止了生长,喷施生长素后是黑麦草在多次去叶下降低了生长。而许多学者报道向植物喷施细胞分裂素(苄氨基嘌呤)、生长素(3-吲哚乙酸)、赤霉素(GA_3)均能促进植物的生长(Yu 等,2009;Ivanova 等,2006;Kamel 等,2001)。研究发现,作为细胞分裂素的主要形态,内源 Z、ZR、IPA、IPS 均能促进植物的生长和发育(Choi 等,2007;Xu 等,2008;San-oh 等,2006;Madhaiyan 等,2006)。因此,细胞分裂素是调控持续性再生的一个非常关键的因素。

碳水化合物对根系的功能至关重要,因为根系的代谢是一个需要消耗大量能量和物质的过程。根系在有机物质供给充足的情况下,代谢旺盛,其分生组织会产生大量的细胞分裂素。根系的生长和发育会对细胞分裂素的产生和分泌产生重大的影响。据 Lu 等(2009)报道,根系生物量下降会引起其细胞分裂素含量的降低。本研究中在多次去叶下,与 T_0、T_1、T_2 相比,T_3 处理中较低的生物量和可溶性糖含量引起其根系分泌的细胞分裂素量较少,也引起较低的由根系向叶片中输送的细胞分裂素速率;而与 T_0 相比处理中较低的生物量引起其根系分泌的细胞分裂素量较少,也引起较低的由根系向叶片中输送的细胞分裂素速率。可见,黑麦草根系有机物质量的下降会对其根系细胞分裂素的分泌产生较大的影响。另外,多次去叶下试验 1 各处理细胞分裂素由根向叶的输送速率与它们叶片细胞分裂素含量之间存在着显著性的正相关关系。所以,多次去叶下根系有机物质损耗量的差别易引起它们向叶片输送细胞分裂素速率的差别,进而影响到叶片细胞分裂素含量。

其次在试验 1 中,从第 1 次去叶到第 4 次去叶各处理根系的生物量以及可溶性糖含量均呈下降趋势,相应地它们叶片中的细胞分裂素含量叶呈现下将趋势,这说明多次去叶诱导的根系有机物质的损耗影响到了叶片中细胞分裂素含量,进而对黑麦草的持续性再生造成影响。总之,多次去叶引起的根系有机物质损耗是根系影响黑麦草再生的一个重要因素,也是调控其持续性再生的重要因素。

一般来说根系是细胞分裂素合成的重要场所,且细胞分裂素由此输送到地上的叶片等器官中来调控植物的生长和发育。本研究中,由于根系向叶片输送细胞分裂素速率的差别,导致在多次去叶下试验 1 各处理叶片中的细胞分裂素含量的不同。然而,试验 1 各处理从第 1 次去叶到第 4 次去叶各处理叶片的细胞分裂素含量逐渐下降,但它们根系分泌细胞分裂素的强度逐渐增加,它们有根系向叶片输送细胞分裂素的速率也在逐渐增加。

这说明由根系诱导的细胞分裂素并非是决定黑麦草叶片细胞分裂素含量的关键因素,也不是决定黑麦草持续性再生的关键因素。究竟根系通过何途径来诱导黑麦草叶片中的细胞分裂素含量及相应的持续性再生,还需要进一部深入探讨和研究。

3.3.5 小结

遮光下的断根试验表明根系中的碳水化合物不参与到叶片的再生过程中。生长素、赤霉素以及细胞分裂素的喷施试验表明,细胞分裂素是促进多次去叶下黑麦草再生的生长激素。多次去叶下,不同的断根程度引起黑麦草根系有机物质损耗量的差别,表现为强度大的断根黑麦草根系生物量以及根系可溶性碳水化合物含量最低,由此造成了其具有最低细胞分裂素由根系向叶片输送速率,从而引起其叶片最低的细胞分裂素含量和相应的最低的再生叶片的生物量。多次去叶引起黑麦草根系有机物质损耗量,表现为去叶次数越多黑麦草根系生物量以及根系可溶性碳水化合物含量越低,由此造成了叶片细胞分裂素含量的下降,然而不能降低细胞分裂素由根系向叶片的输送速率。

参考文献

[1]Yu K,Wei JR,Ma Q. et al. Senescence of aerial parts is impeded by exogenous gibberellic acid in herbaceous perennial Paris polyphylla[J]. J Plant Physiol,2009,166:819—830.

[2]Ivanova M,Novák O,Strnad M. et al. Endogenous cytokinins in shoots of Aloe polyphylla cultured in vitro in relation to hyperhydricity, exogenous cytokinins and gelling agents[J]. Plant Growth Regul,2006, 50:219—230.

[3]Kamel A H T. Effect of abscisic acid on endogenous IAA,auxin protector levels and peroxidase activity during adventitious root initiation in Vigna radiata cuttings[J]. Acta Physiologiae Plantarum,2001,23:149—156.

[4]Choi J,Hwang I. Cytokinin:perception,signal transduction,and role in plant growth and development[J]. J Plant Biol,2007,50:98—108

[5]Xu Z,Wang P Y,Guo Y P. et al. Stem-swelling and photosynthate partitioning in stem mustard are regulated by photoperiod and plant hormones[J]. Environmental and Experimental Botany,2008,62:160—167.

［6］San-oh Y，Sugiyama T，Yoshita D. et al. The effect of planting pattern on the rate of photosynthesis and related processes during ripening in rice plants［J］. Field Crops Research，2006，96：113－124.

［7］Madhaiyan M，Poonguzhali S，Sundaramb S P. et al. A new insight into foliar applied methanol influencing phylloplane methylotrophic dynamics and growth promotion of cotton（Gossypium hirsutum L.）and sugarcane（Saccharum officinarum L.）［J］. Environmental and Experimental Botany，2006，57：168－176.

［8］Lu Y L，Xu Y C，Shen Q R. et al. Effects of different nitrogen forms on the growth and cytokinin content in xylem sap of tomato（Lycopersicon esculentum Mill.）［J］seedlings. Plant Soil，2009，315：67－77.

3.4　根系硝态氮吸收对黑麦草持续再生的调控机制

3.4.1　引言

在多次牧食去叶的情况下，牧草叶片的持续再生能力体现了其耐牧性的强弱。牧草的耐牧性不仅在其抵御外界伤害、维持自身生存和繁衍的过程中起着关键的作用，而且对提高牧草产量和维持畜牧业可持续发展有着重要的意义（马红彬和谢应忠，2008；朱珏等，2009）。已有研究表明，在多次去叶的情况下，牧草根系贮存的有机物是其叶片再生的主要物质来源（干友民，1999；郭娟等，2009）。然而，去叶后根系有机物的大量消耗严重影响了根系的生物功能（刘瑞显等，2009；宋海星和李生秀，2003），改变了根系细胞分裂素的分泌和运输，从而使叶片细胞分裂素含量降低，叶片生长受阻（Lu等，2009）。因此，去叶后牧草根叶间细胞分裂素的运输是影响其叶片持续再生的重要因素。

已有研究发现植物根系吸收 NO_3^- 与根叶间细胞分裂素的运输密切相关，因为根系中 NO_3^- 的积累能促进根系细胞分裂素的合成（Vicente等，2009；Sakakibara等，2006）。以拟南芥等植物为研究对象，发现根系吸收的 NO_3^- 还可通过影响伤流液中细胞分裂素的含量来调控叶片的生长（Dodd等，2004；葛体达等，2008）。对于牧草而言，NO_3^- 是其根系吸收的主要无机氮源，这是因为在牧草生长的偏碱性旱地土壤中无机氮以 NO_3^- 为主（黄勤楼等，2010），而根系吸收的 NO_3^- 可直接在牧草体内运输和积累（毛佳等，2010）。因此，去叶后牧草根系对 NO_3^- 的吸收可能会对根叶间细胞分裂素运输及叶片持续再生产生重要的影响。已有的关于根系吸收 NO_3^- 促进牧草再生的研究大多是通过检测叶片中氨基酸、可溶性糖含量以及叶绿素活性变化来研究硝态氮的调控作用(Thornton 等,2007;Foito 等,2009;Akmal 等,2004),而对内源激素研究的较少。在多次去叶的情况下,牧草根系对硝态氮的吸收会对根叶间细胞分裂素的运输产生何种影响,以及这种影响所引起的叶片细胞分裂素含量变化与叶片持续再生之间又是一种什么样的关系,目前相关的研究还未见报道。

黑麦草作为一种禾本科牧草,因其营养丰富、抗寒能力强、不易倒伏、发芽快、再生迅速和高产等特性而被广泛种植,为我国最重要的冷季牧草之一。黑麦草具有很强的再生能力,刈割后其再生速度和再生生物量均高于白三叶等大多数牧草(张卫国等,2004;于应文等,2002),是研究牧草再生性的理想材料。本研究以黑麦草为对象,探讨了多次去叶下根系吸收 NO_3^- 对黑麦草叶片持续再生的影响及其调控机制,以期为牧草耐牧性机制研究提供参考。

3.4.2 材料与方法

1. 试验设计

试验于河南科技大学试验农场中进行。多花黑麦草(特高,由百绿集团提供)作为试验材料。试验用盆栽进行,所用盆栽的花盆直径 20 cm,高 25 cm,用蛭石作为培养基。用改进的霍格兰溶液(5 mM K,8 mM Ca,1 mM P,1 mM Mg,89 μM Fe,18 μM Mn,0.9 μM Cu,1.75 μM Zn,and 5 mM NO_3^-)来浇灌盆栽黑麦草,每天浇一次,每盆每次浇 20 mL 到 30 mL。NO_3^- 以 KNO_3 的形式提供。黑麦草用种子在 240℃ 的条件下育苗两周后,再以聚集在一起的 6 棵移栽到花盆的中央,共移栽 300 盆。这 300 盆黑麦草生长 9 个星期后,在将要达到拔节期时,选出生长一致的黑麦草,然后分成 4 组来进行研究。这所分的 4 组分别用于本研究的 4 个试验中,它们分别为:向根系添加硝态氮试验(试验-1,18 盆),向叶片添加硝态氮试验(试验-2,21 盆),向叶片添加细胞分裂素试验(试验-3,9 盆),向叶片添加硝态氮和细胞分裂素试验(试验-4,9 盆)。

在试验-1 中,黑麦草苗根系从蛭石培养基中取出后剪至 5 cm 长,然后在置入装有蛭石培养基的花盆中。这些蛭石已用蒸馏水多次冲洗来去除了其中的无机态氮。草苗用不含 KNO_3 的霍格兰溶液浇灌培养。一周后当大量新生根系长出后,将黑麦草去叶且留 7 cm 高的茬。然后每隔 5 天去叶一次,共去叶 4 次,每次均留 7 cm 的茬高。第 1 次和第 2 次去叶后选取 6

盆黑麦草来浇灌含有 KNO_3 的霍格兰溶液直至第四次去叶结束。试验-1 共有 3 个处理分别为：①第 1 次去叶 5 天后向根系中添加硝态氮溶液（NR_1）；②第 2 次去叶 5 天后向根系添加硝态氮溶液（NR_2）；③不向根系添加硝态氮溶液（NR_0）。每处理的 6 盆黑麦草分为两组，每 3 盆一组。其中的一组用来测量伤流液中的 NO_3^- 含量，另外的一组用来测量伤流液中的玉米素核苷和玉米素（$Z+ZR$）、异戊烯和异戊烯基腺嘌呤（$IP+IPA$）、3-吲哚乙酸（IAA）、赤霉素（GA）、脱落酸（ABA）含量。这两组均用来测量叶片的生物量，叶片的 NO_3^-、$Z+ZR$、$IP+IPA$、IAA、GA、ABA 含量。

试验-2 中，首先将黑麦草去叶并留 5 cm 的茬高，然后每 5 天去叶一次，共去叶 4 次。第 1 次和第 2 次去叶后选取 3 盆黑麦草来向叶片喷施 KNO_3（8 mM）溶液直至第四次去叶结束。试验-2 共有 3 个处理，它们分别为：①第 1 次去叶 5 天后向叶片中添加硝态氮溶液（NL_1）；②第 2 次去叶 5 天后向叶片添加硝态氮溶液（NL_2）；③不向叶片添加硝态氮溶液（NL_0）。NL_1 和 NL_2 处理分别有 3 盆，而 NL_0 处理有 15 盆。NL_1 和 NL_2 处理的 3 盆用于测量叶生物量和叶的 NO_3^-、$Z+ZR$、$IP+IPA$、IAA、GA、ABA 含量。NL_0 处理中的 3 盆用于作为 NL_1 和 NL_2 的对照，其同样仅仅测量叶生物量和叶的 NO_3^-、$Z+ZR$、$IP+IPA$、IAA、GA、ABA 含量。NL_0 处理剩下的 12 盆分成 4 组，每 3 盆一组。每次去叶后，这 3 组中的 1 组被带到实验室来测量根系的生物量，根系的可溶性碳水化合物含量，根系的活力。试验-1 种的黑麦草与试验-2 中的黑麦草相比，留的茬相对较高，这样做的目的是为了弥补试验-1 中，由于在此生根而造成放入黑麦草较低的再生能力。

试验-3 和试验-4 中，首先将黑麦草剪至 5 cm 的茬高。每天剪 1 次共剪 4 次。第一次去叶后每天向试验-4 中的黑麦草喷施 NO_3^- 溶液（8 mM）直至第 4 次去叶结束。试验-3 和试验-4 均有 3 个处理，每个处理 3 盆。第 1 次和第 2 次去叶后选取 3 盆黑麦草来向叶片喷施细胞分裂素（8 mg/L 的苄基腺嘌呤，由预备试验来确定合适的浓度）溶液直至第 4 次去叶结束。试验-3 共有 3 个处理，它们分别为：①第 1 次去叶 5 天后向叶片中添加细胞分裂素（BC_1）；②第 2 次去叶 5 天后向叶片添加细胞分裂素（BC_2）；③不向叶片添加细胞分裂素（BC_0）。试验-4 共有 3 个处理，它们分别为：①第 1 次去叶 5 天后向叶片中添加细胞分裂素（NC_1）；②第 2 次去叶 5 天后向叶片添加细胞分裂素（NC_2）；③不向叶片添加硝态氮溶液（NC_0）。试验-3 和试验-4 中仅仅测量叶片的生物量，叶片的 NO_3^-、$Z+ZR$、$IP+IPA$、IAA、GA、ABA 含量。

2. 测量与方法

（1）生物量、可溶性糖含量、硝态氮含量和根系活力用水冲洗的方法把黑麦草根系与土壤分离。去叶 7 天后被带到实验室进行相关测量的黑麦草,剪去叶片后留 5 cm 高的茬,所剪下的叶片命名为新生叶片。把新鲜根系、叶片,以及茬的样品放入烘箱中,在 65℃ 的条件下烘 60 h 来测量其生物量。新生叶片和茬的生物量的和为地上部分的生物量。

硝态氮(NO_3^-)的测定采用水杨酸法。取一定量的植物材料剪碎混匀后,精确称取 2～3 g 分别放入三支刻度试管中,加入 10 mL 无离子水,用玻璃塞封口,置入沸水浴中提取 30 分钟,到时间后取出,用自来水冷却后过滤到 25 mL 容量瓶中,并反复冲洗残渣,最后定容至刻度得样品液。吸样品液 0.1 mL 分别于三支刻度试管中,然后加入 5％ 水杨酸—硫酸溶液 0.4 mL,混匀后置室温下 20 min,再慢慢加入 9.5 mL 8％ NaOH 溶液,待冷却至室温后,以空白作参比,在 410 nm 波长下测定吸光度。在标准曲线上查得或用回归方程计算出 NO_3^--N 浓度,再用下公式计算其含量。

NO_3·N 含量($\mu g/g$ 鲜重)＝

$$\frac{\text{标准曲线上查得或回归方程计算得 } NO_3^- \text{-N 浓度} \times \dfrac{\text{样品液总量}}{\text{吸取样品液的量}}}{\text{样品鲜重}}$$

标准曲线的制作如下:吸取 500 ppm NO_3^- 标准溶液 1 mL、2 mL、3 mL、4 mL、6 mL、8 mL、10 mL、12 mL 分别放入 50 mL 容量瓶中,用无离子定至刻度,使之成 10、20、30、40、60、80、100、120 ppm 的系列标准溶液。然后吸收上述系列标准溶液 0.11 mL,分别放入刻度试管中,以 0.11 mL 无离子水代替标准溶液作空白,再分别加入 0.4 mL 水杨酸—硫酸溶液,摇匀,在室温下放置 20 min 后再加入 8％ NaOH 溶液 9.51 mL 摇匀冷却至室温,显色液总体积为 101 mL。最后以空白作参比,在 410 nm 波长下测定吸光度。以 NO_3^- N 浓度为横坐标,吸光度为纵坐标,绘制标准曲线。试验数据采用 Excel 和 DPS 7.05 统计软件进行分析。

用 TTC(氯化三苯基四氮唑)法来测定根系活力。称取根尖样品 0.5 g,放入 10 mL 烧杯中,加入 0.4％TTC 溶液和磷酸缓冲液的等量混合液 10 mL,把根充分浸没在溶液内,在 37℃ 下暗保温 1～3 h,此后加入 1 mol/L硫酸 2 mL,以停止反应(与此同时做一空白实验,先加硫酸,再加根样品,其他操作同上)。把根取出,吸干水分后与乙酸乙酯 3～4 mL 和少量石英砂一起在研钵内磨碎,以提出甲月替。红色提取液移入试管,并用少量乙酸乙酯把残渣洗涤二三次,皆移入试管,最后加乙酸乙酯使总量为 10 mL,用分光光度计在波长 485 nm 下比色,以空白试验作参比测出吸光度,查标准曲线,即可求出四氮唑还原量。用以下公式结果计算;四氮唑还原强度(mg/g(根鲜重)/h)=四氮唑还原量(mg)/[根重(g)×时间(h)]。

TTC 标准曲线的制作如下。取 0.4％TTC 溶液 0.2 mL 放入 10 mL 量瓶中,加少许 $Na_2S_2O_4$ 粉摇匀后立即产生红色的甲月替。再用乙酸乙酯定容至刻度,摇匀。然后分别取此液 0.25 mL、0.50 mL、1.00 mL、1.50 mL、2.00 mL 置 10 mL 容量瓶中,用乙酸乙酯定容至刻度,即得到含甲月替25 μg、50 μg、100 μg、150 μg、200 μg 的标准比色系列,以空白作参比,在 485 nm 波长下测定吸光度,绘制标准曲线。

用称重法测定伤流液的量,具体操作如下:去叶后,0.2 g 脱脂棉立即裹在切断茎秆的横断伤口处,然后用一张 3 cm 宽、4 cm 长的密封塑料袋裹住脱脂棉以防伤流液蒸发,密封塑料袋用橡皮筋扎紧。12 小时后称重脱脂棉,其重量的增加即为伤流液的量。用伤流液的重量除以 1 g/cm^3 来计算伤流液的体积。接着将用来吸取伤流液的棉花置于一个 10 mL 的医用注射器中,用该注射器的活塞将该棉花用力压入注射器底部,挤出浸入棉花的伤流液。再接着向一杯挤压过的吸取伤流液的棉花中加入 80％的甲醇(含 1 mmol/L 的二叔丁基-4-甲基苯酚)或蒸馏水 1 mL,让其自然滴 15 秒钟的时间后再次用活塞用力挤压棉花,来提取残留于棉花上的伤流液。该过程连续重复 3 次以便尽可能地提取出来残留于棉花上的伤流液。伤流液以及被用甲醇提取的伤流液均收集于 5 mL 的离心管中。伤流液中的 NO_3^- 量用其含量乘以体积来计算,NO_3^- 由根系向叶片中的输送速率用每小时伤流液中汇集的 NO_3^- 的量来表示。

表 3.18　试验-1、试验-2、试验-3、试验-4 种所测量的指标(1)

Table 3.18　The indicators measured in all treatments of Exp-1, Exp-2, Exp-3, and Exp-4.

		LB	RB	SCC	RV	NC	RND	ZCL
试验-1	NR_1	Y3(6)	No	No	No	Y4(6)	Y4(3)	Y4(6)
	NR_2	Y3(6)	No	No	No	Y4(6)	Y4(3)	Y4(6)
	NR_0	Y3(6)	No	No	No	Y4(6)	Y4(3)	Y4(6)
试验-2	NL_1	Y3(3)	No	No	No	Y4(3)	No	Y4(3)
	NL_2	Y3(3)	No	No	No	Y4(3)	No	Y4(3)
	NL_0	Y3(3)	Y4(3)	Y4(3)	Y4(3)	Y4(3)	Y4(3)	Y4(3)
试验-3	BC_1	Y3(3)	No	No	No	No	No	Y4(3)
	BC_2	Y3(3)	No	No	No	No	No	Y4(3)
	BC_0	Y3(3)	No	No	No	No	No	Y4(3)

续表

		LB	RB	SCC	RV	NC	RND	ZCL
试验-4	NC_1	Y3(3)	No	No	No	No	No	Y4(3)
	NC_2	Y3(3)	No	No	No	No	No	Y4(3)
	NC_0	Y3(3)	No	No	No	No	No	Y4(3)

"Y"和"No"分别表示测量和未测量。括号外的"3"和"4"分别表示 3 次去叶(1-cli, 2-cli,3-cli)he 4 次去叶(0-cli,1-cli,2-cli,3-cli)。"0-cli"、"1-cli"、"2-cli"、"3-cli"分别表示去叶前、第 1 次去叶 5 天后、第 2 次去叶 5 天后、第 3 次去叶 5 天后。括号内的"6"和"3"分别表示 6 次重复和 3 次重复。LB 表示叶生物量,RB 表示根系生物量,SCC 表示可溶性糖含量,RV 表示根系活力,NC 表示叶片中的硝态氮含量,RND 表示硝态氮由根系向叶片的输送速率,ZCL 表示叶片中的 Z+ZR 含量。

"Y" and "No" mean measured and not measured, respectively. "3" and "4" outside brackets mean 3 clippings(1-cli,2-cli,3-cli)and 4 clippings(0-cli,1-cli,2-cli,3-cli), respectively. "0-cli," "1-cli," "2-cli," and "3-cli" represent pre-clipping and the fifth day after the first,second,and third clippings,respectively. "6" and "3" inside brackets mean 6 replicates and 3 replicates in this measurement,respectively. LB leaf biomass,RB root biomass,SCC soluble carbohydrate content,RV root vitality,NC nitrate ion content of leaves,RND rate of nitrate ion delivery,ZCL ZR content of leaves,IPCL IPA content of leaves,RZD rates of ZR delivery,RIPD rates of IPA delivery,ICL IAA content of leaves, RIAD rates of IAA delivery,GCL GA content of leaves,RGD rates of GA delivery,ACL ABA content of leaves,and RABD rates of ABA delivery.

表 3.19　试验-1、试验-2、试验-3、试验-4 种所测量的指标(2)

Table 3.19　The indicators measured in all treatments of Exp-1,Exp-2,Exp-3,and Exp-4.

		IPCL	RZD	ICL	RIAD	GCL	RGD	ACL	RABD
试验-1	NR_1	Y4(6)	Y4(3)	Y4(6)	Y4(3)	Y4(6)	Y4(3)	Y4(6)	Y4(3)
	NR_2	Y4(6)	Y4(3)	Y4(6)	Y4(3)	Y4(6)	Y4(3)	Y4(6)	Y4(3)
	NR_0	Y4(6)	Y4(3)	Y4(6)	Y4(3)	Y4(6)	Y4(3)	Y4(6)	Y4(3)
试验-2	NL_1	Y4(3)	No	Y4(3)	No	Y4(3)	No	Y4(3)	No
	NL_2	Y4(3)	No	Y4(3)	No	Y4(3)	No	Y4(3)	No
	NL_0	Y4(3)	No	Y4(3)	No	Y4(3)	No	Y4(3)	No

续表

		IPCL	RZD	ICL	RIAD	GCL	RGD	ACL	RABD
试验-3	BC$_1$	Y4(3)	No	Y4(3)	No	Y4(3)	No	Y4(3)	No
	BC$_2$	Y4(3)	No	Y4(3)	No	Y4(3)	No	Y4(3)	No
	BC$_0$	Y4(3)	No	Y4(3)	No	Y4(3)	No	Y4(3)	No
试验-4	NC$_1$		No	Y4(3)	No	Y4(3)	No	Y4(3)	No
	NC$_2$	No	No	Y4(3)	No	Y4(3)	No	Y4(3)	No
	NC$_0$	No	No	Y4(3)	No	Y4(3)	No	Y4(3)	No

"Y"和"No"分别表示测量和未测量。括号外的"3"和"4"分别表示 3 次去叶(1-cli, 2-cli,3-cli)he 4 次去叶(0-cli,1-cli,2-cli,3-cli)。"0-cli"、"1-cli"、"2-cli"、"3-cli"分别表示去叶前、第 1 次去叶 5 天后、第 2 次去叶 5 天后、第 3 次去叶 5 天后。括号内的"6"和"3"分别表示 6 次重复和 3 次重复。IPCL 表示叶片中的 IP+IPA 含量,RZD 表示 Z+Z 由根系向叶片的输送速率,RIPD 表示 IP+IPA 由根系向叶片的输送速率,ICL 表示叶中的 IAA 含量,RIAD 表示 IAA 由根系向叶片的输送速率,GCL 表示叶片中的 GA 含量,RGD 表示 GA 由根系向叶片的输送速率,ACL 表示叶片中的 ABA 含量,RABD 表示 ABA 由根系向叶片的输送速率。

"Y" and "No" mean measured and not measured, respectively. "3" and "4" outside brackets mean 3 clippings(1-cli, 2-cli, 3-cli) and 4 clippings(0-cli, 1-cli, 2-cli, 3-cli), respectively. "0-cli," "1-cli," "2-cli," and "3-cli" represent pre-clipping and the fifth day after the first, second, and third clippings, respectively. "6" and "3" inside brackets mean 6 replicates and 3 replicates in this measurement, respectively. LB leaf biomass, RB root biomass, SCC soluble carbohydrate content, RV root vitality, NC nitrate ion content of leaves, RND rate of nitrate ion delivery, ZCL ZR content of leaves, IPCL IPA content of leaves, RZD rates of ZR delivery, RIPD rates of IPA delivery, ICL IAA content of leaves, RIAD rates of IAA delivery, GCL GA content of leaves, RGD rates of GA delivery, ACL ABA content of leaves, and RABD rates of ABA delivery.

(2)激素含量

伤流液提取后立即注入 C-18 萃取小柱,用氮气吹干后置于－80℃的冰箱保存以备测定激素用。新鲜的叶样品 1~3 g,用液氮冷冻 30 min 后,储存在－80℃冰箱中,以备其后测量内源激素含量用。测量内源激素含量时,称取每个冷冻样品约 0.7 g,混合 80%的甲醇(含 1 mmol/L 的二叔丁基-4-甲基苯酚),研磨成匀浆,并在 4℃下萃取 4 h。萃取后将样本匀浆在 7 000 r/min 转速下离心 15 min,分离沉淀后吸取上清液。沉淀另加 80%甲醇萃取 1 h,再次吸取上清液。上清液注入 C-18 柱进行固相萃取,萃取后用氮气吹干。叶片和伤流液的氮气吹干后的残留物溶解在0.01 mol/L磷酸盐缓冲液中(pH 为 7.4)。据 Teng et al. (2006)和 Zhu et al. (2005),利用酶联免疫吸附试验(ELISA)测定生长素(IAA)、赤霉素(GA$_3$)、细胞分裂素(Z+ZR,IP+IPA)、脱落酸(ABA)含量。小鼠单克隆抗体的 IAA、GA、Z+ZR、IP+IPA、ABA,以及酶联免疫吸附试验中使用的抗体 IgA 都是由中国农业大学植物激素研究所生产的。

酶联免疫吸附试验是在 96 孔酶标板上进行的。每孔均包含 100 μL 的缓冲液(1.5 g·L^{-1} 碳酸钠,2.93 g·L^{-1} 碳酸氢钠,0.02 g·L^{-1} NaN$_3$,pH 为 9.6),该缓冲液中还包含 0.25 μg·mL^{-1} 用来与激素进行反应的抗原。将用来测定 GA、Z+ZR、IP+IPA、ABA 的酶标板置于 37℃培养箱培养 4 h,而将用来测定 IAA 的酶标板在 4℃下培养一整夜,然后在室温下保存 30～40 min。用 PBS 和 Tween 20[0.1%(V/V)](pH 为 7.4)缓冲液洗涤 4 次后,每个孔中充满 50 μL 黑麦草样本提取液或 IAA、GA、Z+ZR、IP+IPA、ABA 的标准液(0－2 000 ng·mL^{-1} 稀释范围),50 μL 的 20 μg·mL^{-1} 抗 IAA、GA、Z+ZR、IP+IPA、ABA 的各种抗体。

将测定 GA、Z+ZR、IP+IPA、ABA 的酶联免疫实验酶标板放于 28℃的条件下培养 3 h,将测定 IAA 的酶联免疫酶标板置于 4℃的条件下培养一整夜,然后用同样的方法洗涤上述的板。将 100 μL 的 1.25 μg·mL^{-1} IgG-HRP 底物加入到每个孔中,并在 30℃下培养 1 h。板用 PBS+Tween 20 缓冲液漂洗 5 次,然后将 100 μL 显色液(含有 1.5 mg·mL^{-1} 邻苯二胺和 0.008%(V/V)的过氧化氢)添加到每个孔中。每孔中加入 50 μL 6N H$_2$SO$_4$ 使反应停止,盛有 2000 ng·mL^{-1} 标准液的颜色变苍白时,孔中 0 ng·mL^{-1} 标准液的显色深。每孔的颜色发生变化,用酶标仪(型号 DG-5023,中国南京华东电子管厂)在 A490 下检测。利用 Weiler 等(1981)的方法计算 IAA 和 GA$_3$,ZR 和 ABA 含量。

伤流液中的激素量用其含量乘以体积来计算,激素-由根系向叶片中的输送速率用每小时伤流液中汇集的激素的量来表示。本研究中,通过向分离出的提取物中加入已知量的标准激素来计算各激素的回收率。Z+ZR、IP+IPA、IAA、GA、ABA 的回收率分别为 81.3%、79.2%、78.6%、80.2%、83.0%,表示没有特异性单克隆抗体存在于提取物中。单克隆抗体的特异性,以及其他可能的非特异性的免疫交叉反应已被几位学者检验过,证实比较可靠。

本研究中,每盆作为一个处理中 1 次去叶的 1 个重复。第 1 次、第 2 次、第 3 次、第 4 次去叶后收集的样品分别表示去叶前(0-cli)、第 1 次去叶 5 天后(1-cli)、第 2 次去叶 5 天后(2-cli)、第 3 次去叶 5 天后(3-cli)。表 3.18 和表 3.19 中列出了本研究中所要测定的指标和它们的重复数量。本文中图和表中的所有数据均为平均值,用 SAS(version 6.12)进行分析。最小显著差数法用来进行均值的多重比较($P=0.05$)。通径分析常用来分析因变量和具有相互复杂变量之间的线性相关关系,和变量通过其他变量而对因变量施加的间接影响。用第 3 次去叶 5 天后的数据来分析 Z+ZR、IP+IPA、IAA、GA、ABA、NO_3^- 对叶生物量的直接或间接的影响。

3.4.3　结果与分析

1.生物量

从第 1 次去叶 5 天后到第 3 次去叶 5 天后,试验-2 中 NL_0 处理的再生叶片和根系的生物量呈现下降的趋势(图 3.2(b)和(c)),这表明在未有 NO_3^- 添加到根系或叶片的情况下多次去叶不利于黑麦草叶片的再生和根系生物量的维持。第 2 次去叶 5 天后,新生叶片生物量 NR_1 处理的显著高于 NR_2 和 NR_0 处理的,NL_1 处理的显著高于 NL_2 和 NL_0 处理的,BC_1 处理的显著高于 BC_2 和 BC_0 处理的,NC_1 处理的显著高于 NC_2 和 NC_0 处理的;第 3 次去叶 5 天后,新生叶片生物量 NR_2 处理的显著高于 NR_0 处理的,NL_2 处理的显著高于 NL_0 处理的,BC_2 处理的显著高于 BC_0 处理的,NC_2 处理的显著高于 NC_0 处理的。这些研究结果表明,在多次去叶的情况下,NO_3^- 添加于根系或叶片后能迅速刺激叶片的再生,无论在有无 NO_3^- 添加于叶片的情况下,细胞分裂素添加于叶片均能刺激叶片的再生。

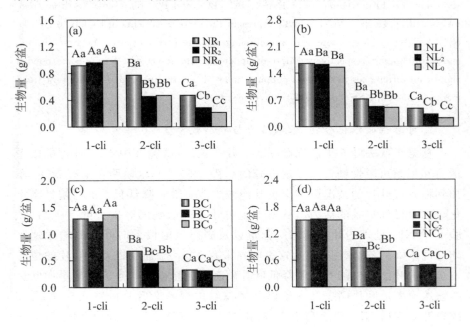

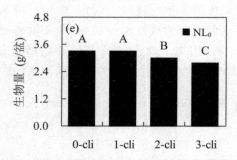

图 3.2　试验-1(a)、试验-2(b)、试验-3(c)、试验-4(d)中的新生叶片的生物量,试验-2 的 NL_0 处理中的根系生物量(e)

NR_1、NR_2、NR_3 分别表示试验-1 中的 3 个处理;NL_1、NL_2、NL_3 分别表示试验-2 中的 3 个处理;BC_1、BC_2、BC_0 分别表示试验-3 中的 3 个处理;NC_1、NC_2、NC_0 分别表示试验-4 中的 3 个处理。"0-cli"、"1-cli"、"2-cli"、"3-cli"分别表示去叶前、第 1 次去叶 5 天后、第 2 次去叶 5 天后、第 3 次去叶 5 天后。同一行不同的小写字母和不同大写字母分别表示,不同处理在同一去叶时间下的和同一处理于不同去叶时间下的差异显著($P\leqslant$ 0105)。

Fig 3.2　Newly grown leaf biomass in different treatments of Exp-1(a),Exp-2(b),Exp-3(c),and Exp-4(d). Root biomass(e)in the NL_0 treatment in Exp-2.

NR_1,NR_2,and NR_3 represent the three treatments of Exp-1;NL_1,NL_2,and NL_0 represent the three treatments of Exp-2;BC_1,BC_2,and BC_0 represent the three treatments of Exp-3;NC_1,NC_2,and NC_0 represent the three treatments of Exp-4. "0-cli","1-cli","2-cli",and "3-cli" represent pre-clipping and the fifth day after the first,second,and third clipping,respectively. Different upper-case and lower-case letters correspond to significant differences in different clipping times of one treatment and in different treatments of one clipping time at $P\leqslant 0.05$,respectively.

2. 可溶性碳水化合物、根系活力与硝态氮含量

从第 1 次去叶 5 天后到第 3 次去叶 5 天后,试验-2 中 NL_0 处理的根系活力和根系可溶性糖含量呈现下降的趋势(图 3.3),这表明在未有 NO_3^- 添加到根系或叶片的情况下多次去叶能减少能有效将降低根系的可溶性碳水化合物含量和根系的活力。从第 1 次去叶 5 天后到第 3 次去叶 5 天后,试验-2 中 NL_0 处理的叶片硝态氮含量以及硝态氮由根系向叶片的输送速率均呈现下降的趋势(图 3.4),这表明在未有 NO_3^- 添加到根系或叶片的情况下多次去叶能减少能有效将降低叶片硝态氮含量以及硝态氮由根系向叶片的输送速率。叶片硝态氮含量以及硝态氮由根系向叶片的输送速率,第 2 次去叶 5 天后 NR_1 显著高于 NR_2 和 NR_0,第 3 次去叶 5 天后 NR_2 显著高

于 NR_0。这些研究结果表明，NO_3^- 添加于根系后能迅速提高叶片中的硝态氮含量，以及硝态氮有根系向叶片中的输送速率。另外，第 2 次去叶 5 天后的叶片硝态氮含量 NL_1 显著高于 NL_2 和 NL_0，第 3 次去叶 5 天后的叶片硝态氮含量 NL_2 显著高于 NL_0。因此，向叶片添加硝态氮能迅速提高叶片中的硝态氮含量。

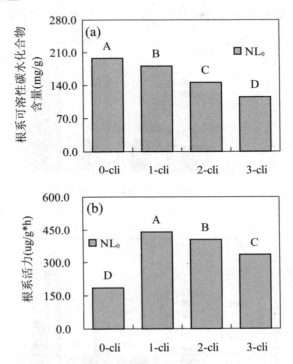

图 3.3　试验-2NL_0 处理根系中的可溶性糖碳含量和根系活力

"0-cli"、"1-cli"、"2-cli"、"3-cli"分别表示去叶前、第 1 次去叶 5 天后、第 2 次去叶 5 天后、第 3 次去叶 5 天后。同一行不同的大写字母分别表示同一处理于不同去叶时间下的差异显著（$P \leqslant 0105$）。

Fig 3.3　Soluble carbohydrate content of root(a)and root vitalities(b)in the NL_0 treatment of Exp-2.

"0-cli," "1-cli," "2-cli," and "3-cli" represent pre-clipping and the fifth day after the first, second, and third clipping, respectively. Different upper-case letters correspond to significant differences in different clipping times of one treatment at $P \leqslant 0.05$.

3. 植物激素

从第 1 次去叶 5 天后到第 3 次去叶 5 天后，试验-2 中 NL_0 处理叶片的 Z＋ZR 和 IP＋IPA 含量呈现下降的趋势，然而其 Z＋ZR 和 IP＋IPA 由根向叶片输送的速率却表现为一个逐渐增加的趋势(图 3.5)。Z、ZR、IP、IPA 是细胞分裂素的主要活性成分,因此,多次去叶能降低叶片中的细胞分裂素含量,却能提高细胞分裂素有根系向叶片输送的速率。从第 1 次去叶 5 天后到第 3 次去叶 5 天后,试验-2 中 NL_0 处理叶片的 IAA、GA、ABA 含量未显现出有规律的趋势,其 IAA、GA、ABA 由根向叶片输送的速率表现为 IAA 和 ABA 具有逐渐增加的趋势,而 GA 却为逐渐下降的趋势。

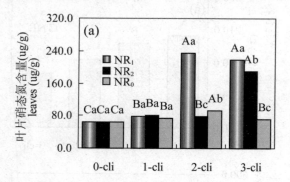

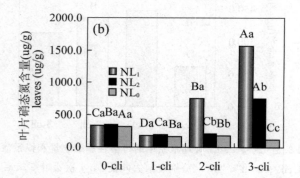

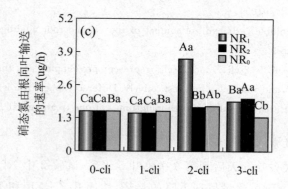

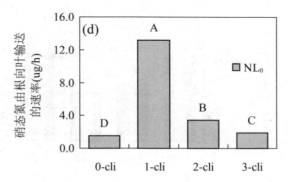

图 3.4　试验-1(a)和试验-2(b)中各处理叶片中的硝态氮含量,以及试验-1(c)各处理硝态氮由叶向根系输送的速率,和试验-2 中的 NL_0 处理(d)硝态氮由叶向根系输送的速率

"0-cli"、"1-cli"、"2-cli"、"3-cli"分别表示去叶前、第 1 次去叶 5 天后、第 2 次去叶 5 天后、第 3 次去叶 5 天后。不同的小写字母和不同大写字母分别表示,不同处理在同一去叶时间下的和同一处理于不同去叶时间下的差异显著($P \leqslant 0105$)。

Fig 3. 4　Nitrate ion content of leaves in the Exp-1(a) and Exp-2(b) treatments. Rate of nitrate ion delivery from roots to leaves in the different treatments of Exp-1(c), and in NL_0 of Exp-2(d)

"0-cli," "1-cli," "2-cli," and "3-cli" represent pre-clipping and the fifth day after the first, second, and third clippings, respectively. Different upper-case and lower-case letters correspond to significant differences in different clipping times of one treatment and in different treatments of one clipping time at $P \leqslant 0.05$, respectively.

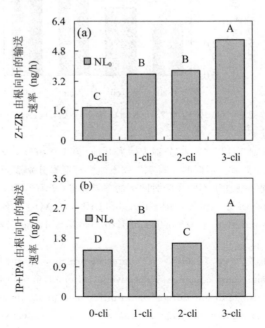

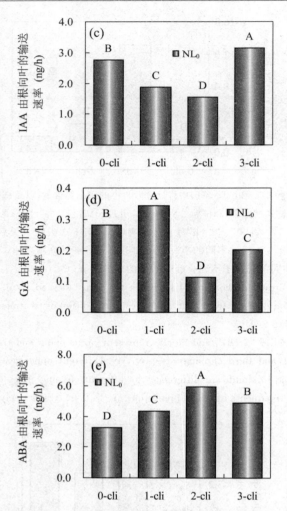

图 3.5　试验-2 的 NL$_0$ 处理的 Z＋ZR(a)、IP＋IPA(b)、IAA(c)、GA(d)、ABA(e) 由根向叶的输送速率

"0-cli"、"1-cli"、"2-cli"、"3-cli"分别表示去叶前、第 1 次去叶 5 天后、第 2 次去叶 5 天后、第 3 次去叶 5 天后。不同的小写字母和不同大写字母分别表示,不同处理在同一去叶时间下的和同一处理于不同去叶时间下的差异显著($P \leqslant 0105$)。

Fig 3.5　Rates of Z＋ZR(a), IP＋IPA(b), IAA(c, GA(d), ABA(e) delivery from the roots to leaves in different treatments of Exp-2(a, b, c, d, and e), and in NL$_0$ treatments of Exp-2

"0-cli," "1-cli," "2-cli," and "3-cli" represent pre-clipping and the fifth day after the first, second, and third clippings, respectively. Different upper-case and lower-case letters correspond to significant differences in different clipping times of one treatment and in different treatments of one clipping time at $P \leqslant 0.05$, respectively.

　　第 2 次去叶 5 天后,叶片的 Z+ZR 和 IP+IPA 含量 NR_1 处理的显著高于 NR_2 和 NR_0 处理的,NL_1 处理的显著高于 NL_2 和 NL_0 处理的,BC_1 处理的显著高于 BC_2 和 BC_0 处理的,NC_1 处理的显著高于 NC_2 和 NC_0 处理的;第 3 次去叶 5 天后,叶片的 Z+ZR 和 IP+IPA 含量 NR_2 处理的显著高于 NR_0 处理的,NL_2 处理的显著高于 NL_0 处理的,BC_2 处理的显著高于 BC_0 处理的,NC_2 处理的显著高于 NC_0 处理的(表 3.20 和表 3.21)。这些研究结果表明,在多次去叶的情况下,NO_3^- 添加于根系或叶片,以及细胞分裂素添加与叶片均能迅速提高叶片中的细胞分裂素含量水平。向根系或叶片添加硝态氮,以及向叶片添加细胞分裂素均未能对叶片中的 IAA、GA 和 ABA 含量产生有规律的影响。

表 3.20　试验-1 和试验-2 中不同处理叶片的 Z+ZR、IP+IPA、IAA、GA、ABA 含量

Table 3.20　Z+ZR,IP+IPA,IAA,GA,ABA,and NO_3^- content of newly grown leaves in different treatments of Exp-1 and Exp-2

		试验-1			试验-2		
		NL_1	NL_2	NR_0	NL_1	NL_2	NL_0
叶片的 Z+ZR 含量(ng/g)	0-cli	34.99Ca	34.99Ba	34.99Ba	123.45Ba	123.45Ba	123.45Ba
	1-cli	60.35Aa	58.97Aa	57.65Aa	144.80Aa	138.12Aa	148.32Aa
	2-cli	53.82Ba	33.25Bb	36.07Bb	89.53Ca	63.89Cb	65.07Cb
	3-cli	39.5Ca	33.54Bb	25.96Cc	69.87Ca	61.13Cb	52.00Dc
叶片的 IP+IPA 含量(ng/g)	0-cli	12.35Da	12.35Ca	12.35Ca	23.42Ca	23.42BCa	23.42Ca
	1-cli	28.99Ba	31.12Aa	30.66Aa	39.92Ab	43.73Aa	43.20Aa
	2-cli	38.94Aa	24.73Bb	29.47Ab	29.30Ba	25.81Bb	26.37BCb
	3-cli	24.83Ca	23.30Ba	20.87Bb	24.97Ca	21.73Cb	19.720Dc
叶片的 IAA 含量(ng/g)	0-cli	92.26Ca	92.26Ca	92.26Da	179.55Aa	179.55Aa	179.55Ba
	1-cli	131.46Bab	140.60Aa	126.87Cb	185.35Aa	176.29Aab	170.27Ab
	2-cli	299.66 Ab	338.13Aa	333.54Aa	176.08Ab	128.69Bc	193.26Ba
	3-cli	278.24 Aa	258.56Bb	269.34Bab	117.97Ba	127.40Ba	120.89Ca
叶片的 GA 含量(ng/g)	0-cli	17.68 Da	17.68 Ca	17.68 Da	22.04Ca	22.04Ca	22.04Ba
	1-cli	20.49Cb	24.82Ba	23.74Ca	24.04BCa	21.28Cb	22.81Bab
	2-cli	40.89Bc	47.98Ab	54.43Aa	26.12Bb	28.84Bab	31.12Aa
	3-cli	52.30Aa	46.72Ab	49.65Bab	29.56Aa	32.08Aa	31.64Aa

		试验-1			试验-2		
		NL_1	NL_2	NR_0	NL_1	NL_2	NL_0
叶片的 ABA 含量（ng/g）	0-cli	670.69Ba	670.69Ba	670.69Ca	350.16Ca	350.16Ca	350.16Da
	1-cli	534.86Cb	586.18Ca	572.68Dab	486.12Bb	530.28Ba	508.04Bab
	2-cli	956.12Ab	1169.43Aa	826.66Ab	591.48Ab	610.68Aab	645.82Aa
	3-cli	896.31Ab	1019.09Aa	763.34Bc	514.28Ba	530.36Ba	430.04Cb

"0-cli"、"1-cli"、"2-cli"、"3-cli"分别表示去叶前、第 1 次去叶 5 天后、第 2 次去叶 5 天后、第 3 次去叶 5 天后。同一行不同的小写字母和不同大写字母分别表示，不同处理在同一去叶时间下的和同一处理于不同去叶时间下的差异显著（$P \leqslant 0105$）。

"0-cli," "1-cli," "2-cli," and "3-cli" represent pre-clipping and the fifth day after the first, second, and third clippings, respectively. Different upper-case and lower-case letters correspond to significant differences in different clipping times of one treatment and in different treatments of one clipping time at $P \leqslant 0.05$, respectively.

表 3.21　试验-3 和试验-4 中不同处理叶片的 Z+ZR、IP+IPA、IAA、GA、ABA 含量

Table 3.21　Z+ZR, IP+IPA, IAA, GA, ABA, and NO_3^- content of newly grown leaves in different treatments of Exp-3 and Exp-4

		试验-3			试验-4		
		NL_1	NL_2	NR_0	NL_1	NL_2	NL_0
叶片的 Z+ZR 含量（ng/g）	0-cli	221.22Aa	221.22Aa	221.22Aa	247.89Aa	247.89Aa	247.89Ba
	1-cli	238.12Aa	228.57Aa	245.39Aa	248.28Aa	241.69Aa	251.58Aa
	2-cli	190.05Ba	170.29Bb	157.89Cb	212.97Ba	184.87Bb	180.10Bb
	3-cli	154.28Ca	150.32Ca	128.56Db	183.65Ca	164.57Cb	147.89Cc
叶片的 IP+IPA 含量（ng/g）	0-cli	73.00Ba	73.00Ba	73.00Ba	83.56Ba	83.56Ba	83.56Ba
	1-cli	109.50Aa	119.48Aa	109.50Aa	123.46Ab	135.30Aa	128.12Aab
	2-cli	73.37Ba	62.13Cb	62.42Cb	80.20Ba	67.56Cb	65.85Cb
	3-cli	63.09Ca	57.16Cb	45.56Dc	62.21Ca	58.97Da	48.91Db
叶片的 IAA 含量（ng/g）	0-cli	44.89Ba	46.34Ca	46.34Ca	309.29CDa	309.29Ca	309.29Ba
	1-cli	44.29Ba	42.72Cb	46.34Ca	384.38Aa	384.38Aa	384.38Aa
	2-cli	58.69Bc	94.04Aa	85.25Ab	338.39BCb	326.75Bb	370.99Aa
	3-cli	76.81Aa	67.48Bb	72.64Bab	297.06Da	315.69Ca	290.66Ba

续表

		试验-3			试验-4		
		NL₁	NL₂	NR₀	NL₁	NL₂	NL₀
叶片的 GA 含量（ng/g）	0-cli	6.16Aa	6.16Aa	6.16Aa	8.66Aa	8.66Aa	8.66Aa
	1-cli	2.85Cb	2.92Dab	3.04Ca	4.73Ca	4.52Da	4.47Ca
	2-cli	2.73Cc	3.86Bb	4.70Ba	3.57Dc	5.67Ca	5.04Bb
	3-cli	4.33Ba	3.50Cb	4.58Ba	6.52Bb	6.73Bb	7.62Aa
叶片的 ABA 含量（ng/g）	0-cli	174.94Ca	174.94Da	174.94Da	222.15Ca	222.15Ca	222.15Ca
	1-cli	676.21Aa	574.08Ab	508.06Bc	339.51Bc	414.56Ab	459.53Ba
	2-cli	624.76Aa	507.12Bb	619.00Aa	450.48Ab	333.86Bc	507.21Aa
	3-cli	326.94Bb	395.00Ca	314.77Cb	441.58Aa	308.84Bb	203.81Cc

　　"0-cli"、"1-cli"、"2-cli"、"3-cli"分别表示去叶前、第 1 次去叶 5 天后、第 2 次去叶 5 天后、第 3 次去叶 5 天后。同一行不同的小写字母和不同大写字母分别表示,不同处理在同一去叶时间下的和同一处理于不同去叶时间下的差异显著（$P \leqslant 0105$）。

　　"0-cli," "1-cli," "2-cli," and "3-cli" represent pre-clipping and the fifth day after the first, second, and third clippings, respectively. Different upper-case and lower-case letters correspond to significant differences in different clipping times of one treatment and in different treatments of one clipping time at $P \leqslant 0.05$, respectively.

　　由图 3.6 第 2 次去叶 5 天后 Z+ZR 和 IP+IPA 由根向叶片输送的速率 NR₁ 并未显著高于 NR₂ 和 NR₀,第 3 去叶 5 天后 Z+ZR 和 IP+IPA 由根向叶片输送的速率 NR₂ 未显著高于 NR₀。因此,多次去叶的额情况下向根系添加硝态氮并未能对细胞分裂素有根向叶的输送速率产生明显的有规律的影响。第 3 次去叶 5 天后 GA 和 ABA 由根向叶片输送的速率 NR₁ 和 NR₂ 显著高于 NR₀,这表明在多次去叶的情况下向根系添加硝态氮能促进 GA 和 ABA 由根系向叶片的输送速率。

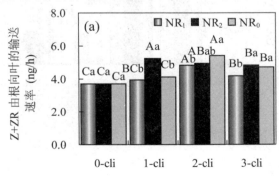

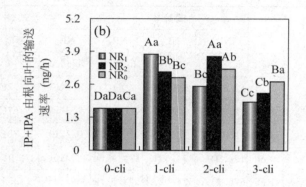

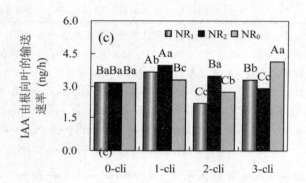

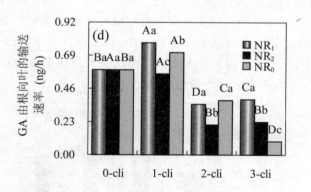

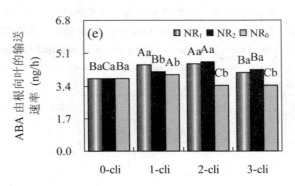

图 3.6　试验-1 不同处理的 Z＋ZR(a)，IP＋IPA(b)，IAA(c)，GA(d)，ABA(e)由根向叶的输送速率

"0-cli"、"1-cli"、"2-cli"、"3-cli"分别表示去叶前、第 1 次去叶 5 天后、第 2 次去叶 5 天后、第 3 次去叶 5 天后。不同的小写字母和不同大写字母分别表示，不同处理在同一去叶时间下的和同一处理于不同去叶时间下的差异显著（$P \leqslant 0105$）。

Fig 3.6. Rates of Z＋ZR(a)，IP＋IPA(b)，IAA(c)，GA(d)，ABA(e) delivery from the roots to leaves in different treatments of Exp-1.

"0-cli," "1-cli," "2-cli," and "3-cli" represent pre-clipping and the fifth day after the first, second, and third clippings, respectively. Different upper-case and lower-case letters correspond to significant differences in different clipping times of one treatment and in different treatments of one clipping time at $P \leqslant 0.05$, respectively.

4. 相关分析和通径分析

由表 3.22 可知，在向根系或叶片添加硝态氮的情况下，Z＋ZR 或 IP＋IPA 与 NO_3^- 含量之间，以及 Z＋ZR 或 IP＋IPA 与生物量之间存在着显著性的正相关关系。细胞分裂素直接地调控着叶片的再生，因为根据通径分析，叶片 Z＋ZR 或 IP＋IPA 含量对叶片生物量的影响之间存在着显著性的正的直接通径系数，或叶片 Z＋ZR 或 IP＋IPA 含量经由 Z＋ZR 或 IP＋IPA 而对叶片生物量的影响存在着显著性的正间接通径系数，而叶片 Z＋ZR 或 IP＋IPA 含量经由叶片 NO_3^- 含量对叶片生物量的影响存在着较大的负的或较小的正的间接通径系数（表 3.23）。

直接的通径系数表示因变量和变量之间的直接关系，而间接的通径系数则表示某变量经由其他变量而对因变量产生间接的影响。同理，叶片 NO_3^- 含量与其生物量之间存在着显著性的正相关系数，这主要得益于叶片 NO_3^- 含量经由叶片 Z＋ZR 或 IP＋IPA 含量而对叶片生物量产生的显著性的正的间接影响。我们的研究表明了叶片中的细胞分裂素直接地调控着叶片的再生，而非借助于 NO_3^- 来诱导叶片的再生；另外叶片中的 NO_3^- 借助于细胞分裂素，间接地调控着叶片的再生。

表 3.22　第 3 去叶 5 天后试验-1 和试验-2 各处理新生叶片中的生物量，
以及 Z＋ZR、IP＋IPA、IAA、GA、ABA、NO₃⁻ 含量相互之间的相关系数

Table 3.22　Correlation coefficients among newly grown leaf biomass, Z＋ZR, IP＋IPA, IAA, GA, ABA, and NO_3^- content of newly grown leaves in all treatments on the fifth day after the third clipping

		Z＋ZR	IP＋IPA	IAA	GA	ABA	NO_3^-	NGB
Exp-1	Z＋ZR	1	0.625	0.137	0.230	0.526	0.942**	0.868**
	IP＋IPA		1	0.150	0.348	0.184	0.736*	0.754*
	IAA			1	0.131	−0.334	0.118	0.214
	GA				1	−0.415	0.089	0.430
	ABA					1	0.664	0.265
	NO_3^-						1	0.810**
Exp-2	Z＋ZR	1	0.552	0.509	0.299	0.627	0.527	0.897**
	IP＋IPA		1	−0.114	0.550	0.072	0.753*	0.751*
	IAA			1	0.448	0.484	−0.206	0.204
	GA				1	0.008	0.072	0.271
	ABA					1	0.426	0.545
	NO_3^-						1	0.775*

NGB＝新生叶片的生物量。 * $P \leqslant 0.05$； ＊＊ $P \leqslant 0.01$

NGB＝newly grown leaf biomass. * $P \leqslant 0.05$； ＊＊ $P \leqslant 0.01$

表 3.23　第 3 去叶 5 天后试验-1 和试验-2 各处理新生叶片中的生物量，
以及 Z＋ZR、IP＋IPA、IAA、GA、ABA、NO₃⁻ 含量相互之间的通径分析

Table 3.23　Path analysis of leaf biomass as well as the Z＋ZR, IP＋IPA, IAA, GA, ABA, and NO_3^- content of newly grown leaves in all treatments in Exp-1 and Exp-2 on the fifth day after the third clipping

	变量	直接通径系数	间接通径系数						相关系数（总影响）
			Z＋ZR	IP＋IPA	IAA	GA	ABA	NO_3^-	
试验-1	Z＋ZR	2.191*	NA	0.705	0.044	0.014	0.423	−2.510	0.868**
	IP＋IPA	1.128*	1.369	NA	0.048	0.022	0.148	−1.962	0.754*
	IAA	0.319	0.301	0.169	NA	0.008	−0.268	−0.314	0.214
	GA	0.062	0.503	0.393		NA	−0.334	−0.236	0.430
	ABA	0.805	1.153	0.208	−0.106	−0.026	NA	−1.769	0.265
	NO_3^-	−2.664	2.065	0.831	0.038	0.006	0.534	NA	0.810**

续表

变量		直接通径系数	间接通径系数						相关系数（总影响）
			Z+ZR	IP+IPA	IAA	GA	ABA	NO$_3^-$	
试验-2	Z+ZR	0.756**	NA	0.129	−0.002	−0.020	−0.057	0.091	0.897**
	IP+IPA	0.331**	0.294	NA	0.001	−0.021	−0.024	0.131	0.712*
	IAA	−0.003	0.387	−0.068	NA	−0.030	−0.044	−0.036	0.204
	GA	−0.067	0.226	0.102	−0.001	NA	−0.001	0.013	0.271
	ABA	−0.092	0.474	0.085	−0.001	−0.001	NA	0.080	0.545
	NO$_3^-$	0.174	0.398	0.250	0.001	−0.005	−0.042	NA	0.775*

NA 无数据　* $P \leqslant 0.05$；** $P \leqslant 0.01$

NA no available data. * $P \leqslant 0.05$；** $P \leqslant 0.01$.

3.4.4　讨论

本研究表明,在未有硝态氮添加到由根系或叶片的情况下,多次去叶可降低黑麦草叶片的细胞分裂素含量,同时也降低了再生叶片的生物量。而在多次去叶的情况下,当硝态氮添加到根系或叶片时,新生叶片中的 Z+ZR 或 IP+IPA 含量与生物量之间存在着显著性的正相关关系。另外在多次去叶的情况下向叶片中添加细胞分裂素同样也能提高叶片细胞分裂素的含量,和再生叶片的生物量。众所周知,细胞分裂素是调控植物生长和发育的一种重要的激素(Choi 和 Hwang,2007;Xu 等,2008;San—oh 等,2006)。因此,细胞分裂素是一种调控黑麦草持续性再生的关键性因素。

1. 硝态氮吸收和细胞分裂素

氯化三苯基四唑(TTC)的减少量可有效反映出脱氢酶活性的强弱,这与根系吸收水分以及矿质营养的活性密切相关。有学者曾报道,当根系生物量大量损失时,TTC 的减少量也出现大幅下降的状况(Li 等,2010;Ivanova 等,2006;Kamel 等,2001)。碳水化合物对根系的功能至关重要。我们的研究表明,未有硝态氮添加于根系或叶片的情况下,黑麦草的多次去叶导致根系生物量和根系可溶性糖含量的大幅下降,同时也导致了根系活力值的下降。这些研究表明了,在多次去叶下,根系中有机物质的损耗会降低根系活力,及相应的根系硝态氮的吸收,从而引起硝态氮有根系向叶片的输送速率的降低,和叶片中硝态氮含量、细胞分裂素含量的下降。

当向根系中添加硝态氮是,会加速硝态氮有根系向叶片中的输送的速率。另外,当向根系或叶片添加硝态氮时,叶片中的硝态氮含量与细胞分裂素含量之间存在着显著性的正相关关系。Samuelson 等(1995)曾报道,向离体叶片上喷施含有硝态氮而不含有细胞分裂素的人工收集的伤流液时,叶片中的细胞分裂素含量会出现升高的现象。它们的研究表明了叶片局部硝态氮会促进细胞分裂素的产生。另外,还有学者报道植物中硝态氮可通过调控异戊烯基转移酶基因的上调,来诱导细胞分裂素的产生(Gawronska 等,2003)。本研究中,多次去叶对根系硝态氮的吸收产生不利的影响,从而导致叶片硝态氮含量的下降,进而影响到叶片局部细胞分裂素的产生,还引起叶片局部细胞分裂素含量的下将。

2. 叶片中的细胞分裂素

多名学者的研究表明,细胞分裂素有根系产生,然后通过伤流液被输送积聚于地上部分的叶片中(Dodd,2005;Zaicovski 等,2008)。然而,Faiss 等(1997)用烟草作为材料来研究根系产生的细胞分裂素对地上部分腋生枝生长发育的影响,结果发现根系产生的细胞分裂素并非通过伤流液被输送到地上部分来对烟草的生长发育产生影响。另外,还据 Bredmose(2005)的报道,玫瑰纸条上的腋芽中的细胞分裂素含量远远高于其根系中的细胞分裂素含量。总之,以上多位学者的研究证实了叶片等地上部植物器官中的细胞分裂素并非来至于根系。

本研究中,在未有硝态氮添加于根系时,多次去叶会引起叶片中细胞分裂素含量的逐渐下降,但却造成了细胞分裂素有根系向叶片输送的速率的上升。向根系中添加硝态氮会引起叶片中细胞分裂素含量的升高,但却未对细胞分裂素有根系向叶片输送的速率产生影响。因此,多次去叶下的黑麦草叶片中的细胞分裂素并非是根系细胞分裂素经伤流液聚集于叶片所致。其次,本研究中当向叶片添加硝态氮后会立刻引起其细胞分类素含量的升高,这也表明了黑麦草局部叶片所产生的细胞分裂素有可能是其叶片细胞分裂素的最主要来源。与本研究的研究结果相似,Dodd 等(2004)曾报道豌豆的幼叶常常具有较高含量的细胞分裂素,然而其细胞分裂素由根系向叶片中的输送速率却常常较低。另外,我们在平时的研究中还曾观察到,黑麦草去叶后,在晚上其叶片的再生速率还比较快(个人观察,未有数据)。由于夜间黑麦草的蒸腾速率相对较低,而蒸腾是促进伤流液由根系向叶片传输的关键性动力来源。由此,可以合理地推测在晚上非常少的根系细胞分裂素被经伤流液而输送到地上部的叶片中,来对再生施加影响。因此,晚上去叶黑麦草快速的再生速率可以表明叶片局部所产生的细胞分裂素是促进再生的一个非常关键的因素。

　　伤流液中的细胞分裂素曾被用作一个反映豌豆细胞分裂素由根系向叶片输送的有效指标（Dodd 等，2004）。但是，与蒸腾相比，伤流液以一个相对较低的速率由根系传输到地上部分的相关器官。因此，蒸腾速率与伤流液中细胞分裂素含量的乘积常常被用作计算细胞分裂素由根系向叶片传输的速率。本研究中，去叶极大地降低了黑麦草的叶面积，从而不可避免地会大大抑制其叶片的蒸腾。因此叶面蒸腾可能对细胞分裂素由根系向叶片的输送产生较小的影响。本研究中的伤流液细胞分裂素含量与伤流液的体积是用来反映细胞分裂素由根系向叶片输送的一个较为理想指标。同理，伤流液硝态氮含量与伤流液的体积也是用来反映硝态氮由根系向叶片输送的一个较为理想指标。

　　3. 细胞分裂素与再生

　　通经分析表明硝态氮对再生叶片生物量的影响是一种经由细胞分裂素（Z＋ZR 和 IP＋IPA）而产生较强的间接性影响，而细胞分裂素直接对再生叶片的生物量产生影响。而且，当细胞分裂素添加于喷施硝态氮或未喷施硝态氮的叶片上时，叶片细胞分裂素含量均会增加，从而促进了再生叶片生物量的增加。因此，细胞分裂素对叶片再生的影响是一个相对独立于硝态氮的过程。据 Sakakibara（2003）和 Sakakibara 等（2006）的报道，细胞分裂素介导的信号传导主要涉及调控植物生长发育的氮素的参与、细胞周期的调控以及细胞的分裂等。然而，硝态氮介导的信号传递则主要涉及核算以及氨基酸的合成等。因此，尽管叶片的再生对氮素的需求较旺盛，而叶片局部所产生的细胞分裂素才是调控黑麦草持续性再生的关键性因素。

　　根据研究结果，我们构建了一个设计影响黑麦草持续性再生因素的模型（图 3.7）。我们的模型在本质上是不同于 Dodd 和 Beveridge（2006）的，主要原因在于他们的模型侧重点在于向根系添加硝态氮后会诱导根系中的细胞分裂素由根系向叶片输送。然而我们的模型与其结果恰恰相反。根据我们的模型，多次去叶引起黑麦草根系有机物质的大量损耗，这会影响到其根系硝态氮的吸收，从而造成根系硝态氮向叶片输送速率的下降，进而造成叶片硝态氮含量的下降和相应的叶片局部产生细胞分裂素量的下降，最终导致再生叶片生物量的下降。

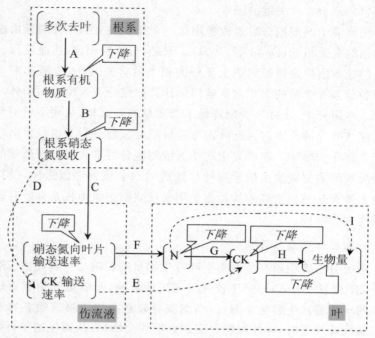

A: 多次去叶引起根系有机物质量的降低

B: 有机物质的损耗引起根系对硝态氮的吸收减弱

C: 根系硝态氮吸收的减弱导致硝态氮由根系向叶片输送速率的下降

D: 根系硝态氮吸收的减弱未能对细胞分裂素由根系向叶片的输送的速率产生影响

E: 细胞分裂素由根系向叶片的输送速率未能对叶片细胞分裂素含量水平产生影响

F: 硝态氮由根系向叶片输送速率的下降导致叶片硝态氮含量的下降

G: 叶硝态氮含量水平的下降引起叶细胞分裂素含量水平的下降

H: 叶细胞分裂素含量水平的下降引起再生叶片生物量的下降

I: 叶硝态氮含量水平未能对叶片的再生生物量产生影响

A: Frequent defoliation decreasing root organic substances

B: Organic substance deprivation decreasing root NO_3^- absorption

C: Root NO_3^- absorption decline decreasing nitrate delivery

D: No effect of root NO_3^- absorption deprivation on cytokinin delivered

E: No effect of cytokinin delivered on cytokinin of leaves

F: Nitrate delivery decline decreasing nitrate content in leaves

G: Leaf nitrate content decline decreasing leaf cytokinin concentration

H: Leaf cytokinin concentration decline decreasing the leaf biomass of regrowth

I: No effect of leaf nitrate content on the leaf biomass of regrowth

图 3.7 多次去叶的情况下根系硝态氮吸收、伤流液和叶片中的硝态氮含量（N）、伤流液和叶片中的细胞分裂素含量（CK）、叶片再生的生物量之间的相互关系模型图
实线表示有明显的作用,虚线表示无明显的作用。

Fig 3. 7　Putative schemes linking changes in root nitrate absorption, nitrate concentration(N) in xylem sap and leaves, cytokinin concentration(CK) in xylem sap and leaves, and leaf biomasses in ryegrass under frequent defoliation. The solid line indicates a "distinct effect" and dotted lines mean "no distinct effect."

Note: the model is get by reference to the previous study of Dodd & Beveridge 2006.

3.4.5　小结

本研究发现了多次去叶会引起根系生物量、根系可溶性碳水化合物含量、根系活力值、硝态氮由根系向叶片输送速率、叶片中的硝态氮和细胞分裂素含量的下降。向根系添加硝态氮会迅速提高硝态氮由根系向叶片输送的速率，以及叶片硝态氮和细胞分裂素含量。向叶片添加硝态氮也会迅速提高叶片中的硝态氮和细胞分裂素含量。向叶片直接添加细胞分裂素会引起叶片中细胞分裂素含量以及再生叶片生物量的提高。另外细胞分裂素直接对再生叶片生物量产生影响，而硝态氮间接对再生叶片的生物量产生影响。总之，根系硝态氮吸收调控着叶片中的硝态氮含量水平，叶片中的硝态氮含量水平影响着叶片中细胞分裂素的局部产生，而叶片中的细胞分裂素是调控多次去叶情况下黑麦草持续性再生的最直接的因素。

参考文献

[1]马红彬,谢应忠.不同放牧强度下荒漠草原植物的补偿性生长[J].中国农业科学,2008,41(11):3645-3650.

[2]朱珏,张彬,谭支良.刈割对牧草生物量和品质影响的研究进展[J].草业科学,2009,26(2):80-85.

[3]干友民.多年生黑麦草刈后再生草碳水化合物及氮素的变化[J].草业学报,1999,8(4):65-70.

[4]郭娟,王明玖,崔文琦.刈割强度对高加索三叶草再生性及地下器官的影响[J].内蒙古农业大学学报,2007,19(4):12-17.

[5]刘瑞显,陈兵林,王友华等.氮素对花铃期干旱再复水后棉花根系生长的影响[J].植物生态学报,2009,33(2):405-413.

[6]宋海星,李生秀.玉米生长空间对根系吸收特性的影响[J].中国农业科学,2003,36(1):899-904.

[7]Lu Y L, Xu Y C, Shen Q R, et al. Effects of different nitrogen forms on the growth and cytokinin content in xylem sap of tomato(Lycopersicon esculentum Mill.) seedlings[J]. Plant and Soil, 2009, 315(1-2):

67—77.

[8]Vicente R,Regla B,María L I,et al. Plant hormones and signaling[J]. Plant Molecular Biology,2009,69(4):361—373.

[9]Sakakibara H. Cytokinins:activity,biosynthesis,and translocation[J]. Annual Review of Plant Biology,2006,57:431—449.

[10]Dodd I C,Ngo C,Turnbull C G N,et al. Effects of nitrogen supply on xylem cytokinin delivery, transpiration and leaf expansion of peagenotypes differing in xylem-cytokinin concentrations[J]. Functional Plant Biology,2004,31(9):903—911.

[11]葛体达,唐冬梅,芦波等. 番茄根系分泌物、木质部和韧皮部汁液组分对矿物质氮和有机氮营养的响应[J]. 园艺学报,2008,35(1):39—46.

[12]黄勤楼,钟珍梅,陈恩等. 施氮水平与方式对黑麦草生物学特性和硝酸盐含量的影响[J]. 草业学报,2010,19(1):103—112.

[13]毛佳,徐仁扣,万青等. 不同水平硝态氮对蚕豆根系质子释放量的影响[J]. 中国生态农业学报,2010,18(5):950—953.

[14]Thornton B,Osborne S,Paterson E,et al. A proteomic and targeted metabolomic approach to investigate change in Lolium perenne roots when challenged with glycine[J]. Journal of Experimental Botany,2007,58(7):1581—1590.

[15]Foito A,Byrne S,Shepherd T,et al. Transcriptional and metabolic profiles of Lolium perenne L. genotypes in response to a PEG-induced water stress[J]. Plant Biology technology Journal,2009,7(8):719—732.

[16]M Akmal,M J J Janssens. Productivity and light use efficiency of perennial ryegrass with contrasting water and nitrogen supplies[J]. Field Crops Research,2004,88(2—3):143—155.

[17]张卫国,江小雷,杨振宇等. 多花黑麦草在高寒牧区的引种研究[J]. 草业学报,2004,13(2):50—55.

[18]于应文,蒋文兰,冉繁军等. 混播草地不同种群再生性的研究[J]. 应用生态学报,2002,13(8):930—934.

[19]Choi J,Hwang I. Cytokinin:perception, signal transduction, and role in plant growth and development[J]. J Plant Biol,2007,50:98—108

[20]Xu Z,Wang P Y,Guo Y P. et al. Stem-swelling and photosynthate partitioning in stem mustard are regulated by photoperiod and plant hormones [J]. Environmental and Experimental Botany, 2008, 62:160—167.

[21]San-oh Y,Sugiyama T,Yoshita D. et al. The effect of planting pattern on the rate of photosynthesis and related processes during ripening in rice plants[J]. Field Crops Research,2006,96:113—124.

[22]Li,R. ,Shi,F. ,Fukudab,K. Interactive effects of various salt and alkali stresses on growth,organic solutes,and cation accumulation in a halophyte Spartina alterniflora(Poaceae)[J]. Environmental and Experimental Botany,2010,68:66—74.

[23]Ivanova M,Novák O,Strnad M. et al. Endogenous cytokinins in shoots of Aloe polyphylla cultured in vitro in relation to hyperhydricity, exogenous cytokinins and gelling agents[J]. Plant Growth Regul,2006, 50:219—230.

[24]Kamel A H T. Effect of abscisic acid on endogenous IAA,auxin protector levels and peroxidase activity during adventitious root initiation in Vigna radiata cuttings[J]. Acta Physiologiae Plantarum,2001,23:149—156.

[25]Samuelson M E,Campbell W H,Larsson C M. The influence of cytokinins in nitrate regulation of nitrate reductase activity and expression in barley[J]. Physiologia Plantarum,1995,93:33—539.

[26]Gawronska H,Deji A,Sakakibara H. et al. Hormone-mediated nitrogen signaling in plants:implication of participation of abscissic acid in negative regulation of cytokinin-inducible expression of maize response regulator[J]. Plant Physiol Biochem,2003,41:605—610.

[27]Faiss M,Zalubìlová J,Strnad M. et al. Conditional transgenic expression of the ipt gene indicaes a function for cytokinins in paracrine signaling in whole tobacco plants[J]. Plant J,1997,12(2):401—415.

[28]Zaicovski C B Z,Zimmerman T,Nora L. et al. Water stress increases cytokinin biosynthesis and delays postharvest yellowing of broccoli florets[J]. Postharvest Biol. Technol,2008,49:436—439.

[29]Dodd I C. Root-to-shoot signalling:Assessing the roles of 'up' in the up and down world of long-distance signalling in planta[J]. Plant and Soil,2005,274:251—270.

[30]Bredmose N,Kristiansen K,Nørbæk R. et al. Changes in Concentrations of Cytokinins(CKs)in Root and Axillary Bud Tissue of Miniature Rose Suggest that Local CK Biosynthesis and Zeatin-Type CKs Play Important Roles in Axillary Bud[J]. J Plant Growth Regul,2005,24:238

—250.

[31]Dodd N,Ngo C,Turnbull C G N. et al. Effects of nitrogen supply on xylem cytokinin delivery,transpiration and leaf expansion of pea genotypes differing in xylem cytokinin concentration. Funct Plant Biol,31:903—911.

[32]Sakakibara H,(2003)Nitrate-specific and cytokinin-mediated nitrogen signaling pathways in plants[J]. J Plant Res,2004,116:253—257

[33]Sakakibara H,Takei K,Hirose N. Interactions between nitrogen and cytokinin in the regulation of metabolism and development[J]. Trends in Plant Science,2006,11(9):440—448

[34]Dodd I,Beveridge C A. Xylem-borne cytokinins:still in search of a role[J]. J Exp Bot,2006,57:1—4.

3.5 细胞分裂素调控的不同茬高黑麦草再生机制研究

3.5.1 引言

牧草的再生性是抵御草食动物过度采食的最基本的防御机制之一。留茬高度是影响牧草再生的一个重要因素。赵等发现高茬能促进羊草的再生,而低茬则减少其再生(Zhao 等,2008)。研究表明,留茬高度从 5 cm 增加到 8 cm,能够使猪殃殃、鼬瓣花、蓼空心菜和野燕麦的单株干重分别显著地增加 85.2%、308.3%、393.3% 和 51.85%(Andreasen 等,2002)。国内外众多学者的研究和报道也表明,留茬高度对牧草再生起着重要作用(韩龙等,2010;黄彩变等,2011;顾梦鹤等,2011;Gastal 等,2010)。但是,目前留茬高度对牧草再生的影响机制尚不清楚,研究留茬高度对黑麦草再生的影响对于丰富和完善牧草再生理论具有重要的意义。

根系可贮存有机物质,吸收无机营养和水分,还能合成生长调节物质,对植物的生长发育至关重要(Veselova 等,2005;Bano,2010;Yang 等,2004),根系对牧草的再生也同样重要。一些研究表明,由根系产生或诱导的植物激素通过调节嫩芽激素的含量,影响植物的生长发育。Vysotskaya 等发现,在养分缺乏的情况下,硬质小麦根系中 ABA 的含量变化导致芽中 ABA 浓度的增加,从而抑制了芽的生长。黄瓜根系对铁的吸收引起地上部 IAA 含量的变化,从而影响黄瓜的生长发育。小麦根系物理抗性的增加能减少枝条生长,这可能是由赤霉素调控的。因此,在研究茬高对牧草再生的影响中,根系产生的激素是值得重点考虑的一个方面。通过检测生长素、赤霉素、脱落酸、细胞分裂素,刘丹等(2012)研究发现,由根系诱导的叶细胞分裂素是调控多次去叶下多花黑麦草再生的关键因素。然而,根系诱导的叶细胞分裂素是否与不同留茬高度牧草的再生有关,至今未见报道。

牧草去叶引起叶面积大幅下降,会大幅减少叶片光合有机物的产生,而叶再生却消耗大量的能量和物质。许多学者报道牧草去叶前体内贮存的有机物质会直接参与叶再生,还能促进叶再生(Lee 等,2009)。由此,牧草体内贮存的有机物质有可能会对其叶再生产生重要的影响。茬高不同的牧草茬中贮存着不同量的有机物质,这会对它们的再生产生不同的影响。只有尽可能地消除这种影响,才能以根系诱导的叶片细胞分裂素为核心,对牧草留茬高度与其再生的关系进行深入探讨。为此,本文拟采用总生物量指数(单位茬重所支撑的再生过程中总有机物质的变化),来有效评价茬高不同的黑麦草的再生能力。

本研究通过切割根系得到大小不同的根系,来模拟由再生所引起的黑麦草根系大小的变化。遮光条件下,黑麦草叶再生仅能利用其体内贮存的碳水化合物,为此,本研究利用遮光来探明黑麦草体内贮存碳水化合物被叶再生所利用的形式。脱落酸(ABA)作为一种植物根系产生的,能调控地上部分生长的植物激素,是本研究所测定的指标之一。基于根系对叶片再生的调控,本研究通过检测黑麦草叶片中的 GA、ABA、IAA 和 Z+ZR 的含量以及伤流液中 Z+ZR 和 ABA 的含量,来探讨不同茬高黑麦草叶再生的机制。

3.5.2　材料与方法

1.试验设计

本研究于河南科技大学农学院实验农场进行,供试材料为购自中国百绿集团的"特高(Tetra-gold)"一年生多花黑麦草。将完整的黑麦草"特高"的种子,通过本文第 2 章中黑麦草组培快繁技术获得的大量基本一致的种苗(最终来自于一粒种子),移栽至直径 25 cm 左右的花盆中,每花盆装 5.5 kg 蛭石和碳土(3∶1),每盆移栽聚在一起的 6 棵黑麦草苗,在 19℃到 25℃环境的温室中培育,两周后,挑选长势一致、健壮的苗洗净并去叶剪根,移栽至纯蛭石基质中培养,共 100 盆。培养 7~8 周后,大约到拔节期,图 3.8 为黑麦草各生长阶段示意图,从中挑选出 63 盆生长均匀一致且健壮的幼苗来用于研究。

从这 63 盆中取 6 盆带回实验室,其中 3 盆用来测量去叶前根、茬的生物量,根和茬的可溶性糖含量,新生叶中 IAA、GA、ABA 和 Z+ZR 含量以及伤流液中 Z+ZR 和 ABA 的含量。用刀将另外的 3 盆从花盆纵向的中间位置进行水平横向切割,使花盆及根系完全断为两半,下半部分花盆抛弃,上半部分花盆用于测量断根后的根系生物量。

剩余的 57 盆留茬高度为 1 cm 或 5 cm。其中的一部分需进行 1/2 断根处理,断根的方法如下:将花盆放在一水平的桌子上,用 25 cm 长、2.5 cm 宽的刀子从花盆纵向的中间位置进行水平横向切割,使花盆及根系完全断为两半,再将这断开的两半花盆按原来位置对齐,用胶带粘到一起,保证盆的完整,以防止盆中基质的流失。另外,其中一些处理要在黑暗条件下完成。

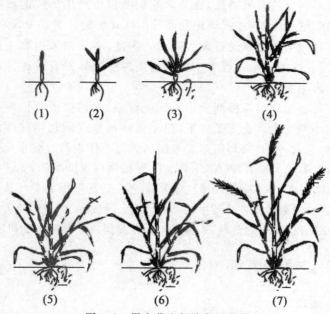

图 3.8　黑麦草生长阶段示意图

(1)出苗;(2)幼苗期;(3)分蘖期;(4)拔节期;(5)抽穗期;(6)开花期;(7)结实期

Fig 3.8　The schematic diagram for ryegrass growth stages.

(1) Seedling emergence;(2) Seedling stage;(3) Tillering stage;(4) Jointing stage;(5) Booting stage;(6) Heeding stage;(7) Mature stage

将 57 盆中的 18 盆用剪刀剪割去叶,留 1 cm 或 5 cm 的茬高,并对部分黑麦草进行断根,然后把所有的黑麦草都进行遮光处理。用壁上以及底部留有通风孔的黑色花盆倒扣在盆栽黑麦草的花盆上,来实现 100% 的遮光。通风孔用黑色的纸遮住,以确保局部环境的湿度、透气性与周围环境保持一致。试验一为遮光试验,共有 3 个处理,每处理 6 盆,该 3 个处理分别为:①高茬,茬高 5 cm 不断根(B_5);②高茬断根,茬高 5 cm 且断根(BD_5);③低茬,茬高 1 cm 不断根(B_1)。每处理中的 6 盆进一步分为 2 组,每组 3 盆;每组中的每盆作为 1 个重复,每处理每组共有 3 个重复。试验一每隔 6 d 去叶 1 次,第 3 次去叶后各处理几乎完全停止了生长,故该试验共去叶 3 次。每次去叶后 6 d 将每处理 2 组中的 1 组带到实验室来进行生物量的测量。

　　另外选 12 盆用来研究,茬中储存的有机物质含量对黑麦草叶片再生的影响。每次去叶后,用黑色的纸将残茬包裹住,以确保残茬被完全遮光。图 3.9 是试验二为半遮光试验,有 4 个处理,每处理有 3 盆:①高茬,残茬遮光,茬高 5 cm(S_5);②高茬,自然光照,茬高 5 cm(M_5);③低茬,残茬遮光,茬高 1 cm 不断根(S_1);④低茬,自然光照,茬高 1 cm(M_1)。每隔 6 d 去叶 1 次,每次去叶后立即测量新生叶的生物量,该试验共去叶 4 次。

图 3.9　试验二的实验设计图

Fig 3.9　The schematic diagram for the design of Exp-2

　　把剩余的 27 盆黑麦草用剪刀剪割去叶,留 5 cm 或 1 cm 的茬高,并对其中一部分进行 1/2 断根。该试验中所有黑麦草均置于自然光照下。试验三为自然光照试验,有 3 个处理,每处理 9 盆,3 个处理分别为:①高茬,茬高 5 cm 不断根(L_5);②高茬断根,茬高 5 cm 且断根(LD_5);③低茬,茬高 1 cm 不断根(L_1)。各处理中的 9 盆进一步分为 3 组,每组 3 盆;每组中的 1 盆为 1 个重复,各处理每组共有 3 个重复。每隔 6 d 去叶 1 次,该试验共去叶 4 次。每次去叶后 6 d 将各处理 3 组中的 1 组带到实验室来进行生物量和植物激素含量的测量。总的来说,本研究包含三部分试验,分别是遮光试验(试验一)、半遮光试验(试验二)和自然光照试验(试验三)。图 3.10 为本试验设计的示意图。

　　据预研试验,黑麦草在拔节期之前具有较好的再生能力,这是选择在这个时期对黑麦草进行去叶的主要原因。预研试验还表明,较短的去叶间隔(如 1~2 d)不会对根系生物量产生明显的影响,较长的去叶间隔(如 13 d 以上)会导致由叶再生引起的根系生物量的下降的恢复生长,这显然不利于以根系为核心来研究茬高不同黑麦草的再生。然而,6~9 d 的去叶时间间隔会明显引起根系生物量的下降,这是本研究选择 6 d 时间来作为不同去叶次数时间间隔的主要原因。

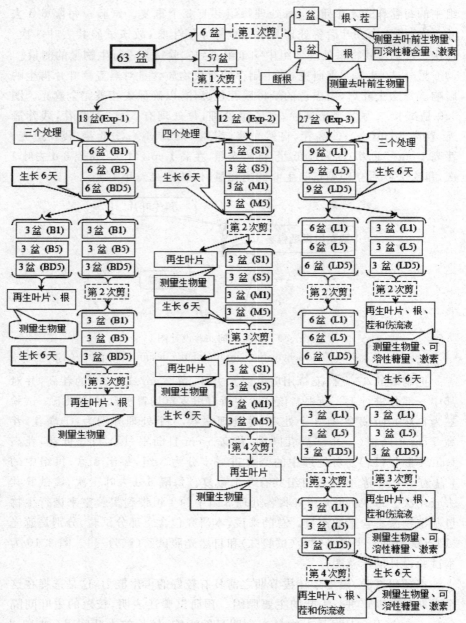

图 3.10　试验设计示意图

Fig 3.10　The schematic diagram for the experimental design

注：Exp-1、Exp-2 和 Exp-3 分别表示遮光试验一、半遮光试验二和光照试验三。

Note：Exp-1，Exp-2，and Exp-3 is the darkness experiment-1，semi-shade experiment-2 and light experiment-3，respectively.

2.测量指标及方法

(1)生物量和可溶性糖

用水洗的方法把黑麦草的根系从土壤中分离出来。将新生叶片、根系以及茬的样品放入 70℃的烘箱中烘至恒重,得到生物量。用蒽酮比色法测定根和茬的可溶性糖含量。每次取样在下午 6:00 左右。

在光照试验中,采用总生物量系数(AI)和相对再生指数(RI)来有效评价,具有不同留茬高度的黑麦草的再生能力。AI 用公式(3-1)表示,RI 用公式(3-2)表示:

$$AI = \frac{LB_{n+6} + SB_{n+6} + RB_{n+6} - SB_n - RB_n}{SB_n} \times 100\% \tag{3-1}$$

$$RI = \frac{LB_{n+6}}{SB_n} \times 100\% \tag{3-2}$$

注:LB_{n+6}、SB_{n+6} 和 RB_{n+6} 分别表示每次去叶 6 d 后的再生叶片、根系和茬生物量,SB_n 和 RB_n 分别表示去叶时测量的根系和茬的生物量,n 表示去叶的次数,值为 1、2、3。

伤流液采用重量法测定。收集伤流液的方法是:每次去叶后,将 0.2 g 脱脂棉立即裹在伤口处,套上密封塑料袋,并用橡皮筋扎紧。12 h 后称重脱脂棉,重量的增量即为伤流液的重量。用伤流液的重量除以 1 g·cm^{-3} 可得伤流液的体积。将含有伤流液的棉花放入 10 mL 注射器里,挤至 5 mL 离心管中,接着向注射器里加入 1 mL 的 80%甲醇(含 1 mmol·L^{-1}二叔丁基对甲苯酚,BHT),自然滴落 15 s 后,再次挤至同一离心管中。共冲洗 3 次。

(2)激素

将收集的伤流液立即过 C-18 固相萃取柱,氮吹仪吹干后,置于 −80℃ 保存,用于测定伤流液中激素含量。叶片激素测定:称取 0.7 g 新鲜叶片,剪碎,吸取 2 mL 样品提取液 80%甲醇(含 1 mmol·L^{-1} BHT),在冰浴条件下研磨成匀浆,再转入到 10 mL 的试管中,然后用 2 mL 提取液分次将研钵冲洗干净,洗出液全部转入试管中,摇匀后置于 4℃的冰箱中,提取 4 h,6500 rpm·min^{-1}离心 20 min,取上清液;沉淀中再加入 1 mL 的提取液,搅匀后置 4℃下再提取 1 h,离心,将上清液合并;上清液过 C-18 固相萃取柱,将过柱后的样品转入 5 mL 离心管中,用氮气吹干,然后将残留物溶解在 0.01 mol·L^{-1}磷酸盐缓冲液中(pH 为 7.4)。测定 IAA、Z+ZR、GA$_3$ 和 ABA 采用酶联免疫吸附法(Enzyme−linked Immunosorbent Assays,ELISA)。IAA、Z+ZR、GA$_3$ 和 ABA 的小鼠单克隆抗体以及酶联免疫试验中使用的抗体 IgG-HRP 均由中国农业大学植物激素研究所提供。

酶联免疫吸附法试验在 96 孔酶标板上进行。每孔均包含 100 μL 缓冲液($1.5\ g \cdot L^{-1}\ Na_2CO_3$，$0.02\ g \cdot L^{-1}\ NaN_3$，$2.93\ g \cdot L^{-1}\ NaHCO_3$，pH 为 9.6)，该缓冲液中还包含用来与激素反应的抗原 $0.25\ \mu g \cdot mL^{-1}$。将用于测定 Z+ZR、$GA_3$ 和 ABA 的酶标板在 37℃ 条件下培养 4 h，而用于测定生长素 IAA 的酶标板置于 4℃ 条件下培养一夜，然后在室温下放置 30～40 min。用含 Tween 20 [0.1%(V/V)]的 PBS 缓冲液(pH 为 7.4)洗涤 4 次后，每孔加入 IAA、Z+ZR、GA_3、ABA 的标准样液($0～2000\ \mu g \cdot mL^{-1}$ 的稀释范围)或 $50\ \mu L$ 样本提取液，再加入 $50\ \mu L$ 相应的 $20\ \mu g \cdot mL^{-1}$ IAA、Z+ZR、GA_3、ABA 的各种抗体。

将上述测定 Z+ZR、GA_3、ABA 各激素的酶联免疫的酶标板置于 28℃ 的培养箱中培养 3 h，测定 IAA 的酶标板置于 4℃ 下培养一夜，然后用同样方法洗板。然后向每孔中加入 $100\ \mu L$ 的 $1.25\ \mu g \cdot mL^{-1}$ 抗体 IgG-HRP，将酶标板置于湿盒内在 30℃ 下黑暗培养 1 h 后，用含 Tween 20 [0.1%(V/V)]的 PBS 缓冲液(pH 为 7.4)洗板 5 次，然后向每孔中加入 $100\ \mu L$ 显色液[含 $1.5\ mg \cdot mL^{-1}$ 邻苯二胺 OPD 和 0.008%(V/V)的过氧化氢 H_2O_2]。向每孔中加入 $50\ \mu L$ 6N H_2SO_4 终止反应，酶标板上 $2000\ \mu g \cdot mL^{-1}$ 标准样液的孔颜色最浅时，$0\ \mu g \cdot mL^{-1}$ 标准样液的孔显色最深。各孔的颜色都发生变化，用酶联免疫分光光度计(型号 DG-5023，中国南京华东电子管厂)测定标准样液和各样品在 490 nm 处的 OD 值。利用 Weiler 等的方法计算 IAA、Z+ZR、GA_3 和 ABA 含量。

本研究中，通过向分离出的提取物中加入已知量的标准激素来计算各激素的回收率。IAA、Z+ZR、GA_3 和 ABA 的回收率分别是 79.2%、80.2%、78.6% 和 83.0%，表示提取物中没有特异性单克隆抗体的存在。几位学者已经证实，单克隆抗体的特异性以及其他可能存在的非特异性免疫交叉反应比较可靠。本章中的图和表中所有数据均是平均值，采用 SAS (version 6.12)进行分析。用最小显著差数法来进行处理间的多重比较。

3.5.3　结果与分析

1.遮光试验

(1)可溶性糖含量

从图 3.11 可以看出，在每次去叶 6 d 后，B_5、BD_5 和 B_1 三个处理根系可溶性糖含量没有明显的差异($P < 0.05$)性。

(2)生物量

由图 3.12 可知，遮光试验的 B_5 和 BD_5 处理的再生叶片和茬的生物量没有显著的差别，但它们的再生叶片的生物量却显著($P < 0.05$)高于 B_1 处

理的再生叶片生物量。

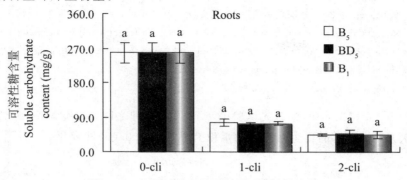

图 3.11　遮光试验各处理根系可溶性糖含量

Fig 3.11　Root soluble carbohydrate concentration in all

treatments of darkness experiment

　　注:数值为平均值±标准差($n=3$)。不同小写字母表示 $P<0.05$ 水平上差异显著。0-cli、1-cli 和 2-cli 分别表示去叶前、第 1 次去叶 6 d 后和第 2 次去叶 6 d 后。下同。

　　Note:Values are mean ± standard error ($n=3$). Different small letters mean significant difference at the 0.05 level. 0-cli, 1-cli and 2-cli stand for pre-clipping and day 6 after the first and second clippings, respectively.

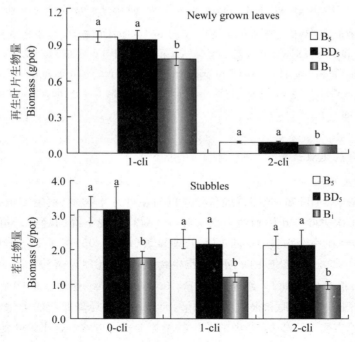

图 3.12　遮光试验各处理再生叶片、茬生物量

Fig 3.12　Regrowth leaf and stubble biomass in all treatments of darkness experiment

注：数值为平均值±标准差($n=3$)。不同小写字母表示 $P<0.05$ 水平上差异显著。0-cli、1-cli 和 2-cli 分别表示去叶前、第 1 次去叶 6 d 后和第 2 次去叶 6 d 后。

Note：Values are mean±standard error ($n=3$). Different small letters mean significant difference at the 0.05 level. 0-cli, 1-cli and 2-cli stand for pre-clipping and day 6 after the first and second clippings, respectively.

2. 半遮光试验

由图 3.13 可知，半遮光试验中 S_5 和 M_5 处理之间，S_1 和 M_1 处理之间每次去叶 6 d 后的再生叶片生物量没有显著($P<0.05$)性变化。

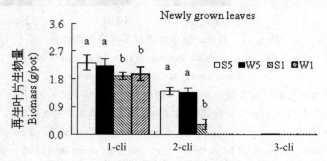

图 3.13　半遮光试验各处理再生叶片生物量

Fig 3.13　Regrowth leaf biomass in all treatments of semi-shade experiment

注：数值为平均值±标准差($n=3$)。不同小写字母表示 $P<0.05$ 水平上差异显著。1-cli、2-cli 和 3-cli 分别表示第 1 次去叶 6 d 后、第 2 次去叶 6 d 后和第 3 次去叶 6 d 后。

Note：Values are mean±standard error ($n=3$). Different small letters mean significant difference at the 0.05 level. 1-cli, 2-cli and 3-cli stand for day 6 after the first and second and third clippings, respectively.

3. 自然光照试验

（1）生物量

由图 3.14 可知，光照试验各处理的再生叶片生物量、茬生物量、根生物量从第 1 次去叶 6 d 后到第 3 次去叶 6 d 后均呈现下降的趋势。每次去叶 6 d 后再生叶片生物量，L_5 和 LD_5 处理显著($P<0.05$)高于 L_1 处理，L_5 处理显著($P<0.05$)高于 LD_5 处理；茬生物量 LD_5 处理显著($P<0.05$)低于 L_5 处理；根系生物量 L_1 处理显著($P<0.05$)低于 L_5 处理。这些结果表明低茬易降低再生叶片和根系的生物量，而高茬断根易降低茬的生物量。

分析表明，L_5 和 L_1 处理的茬生物量第 3 次去叶 6 d 后比去叶前分别下降 4.3% 和 49.1%，说明多次去叶更易引起低茬黑麦草茬生物量的下降。LD_5 处理的根系生物量第 1 次去叶 6 d 后比去叶前升高 109.0%，第 3 次去叶 6 d 后比第 1 次去叶 6 d 后下降 14.5％。这说明断根能刺激去叶黑麦草根系的生长,而多次去叶会引起高茬断根黑麦草根系生物量的大幅下降。

(2)可溶性糖含量

由图 3.15 可知,光照试验各处理根和茬中的可溶性糖含量随着去叶次数的增加均呈现下降的趋势;每次去叶 6 d 后,L_5 和 LD_5 处理的根系以及茬可溶性糖含量均显著($P<0.05$)高于 L_1 处理,第 2 次和第 3 次去叶 6 d 后,L_5 处理的根系可溶性糖含量显著($P<0.05$)高于 LD_5 处理。

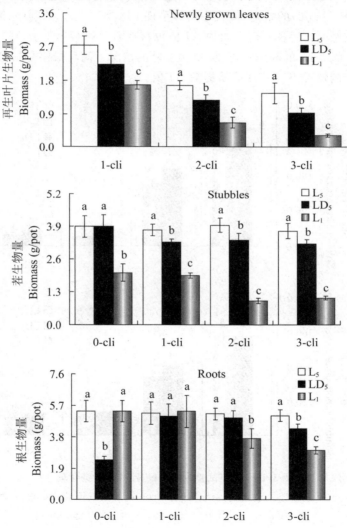

图 3.14 　光照试验各处理再生叶片、茬、根生物量

Fig 3.14 　Regrowth leaf,stubble and root biomass in all treatments of light experiment

注:数值为平均值±标准差($n=3$)。不同小写字母表示 $P<0.05$ 水平上差异显著。0-cli、1-cli、2-cli 和 3-cli 分别表示去叶前、第 1 次去叶 6 d 后、第 2 次去叶 6 d 后和第 3 次去叶 6 d 后。下同。

Note:Values are mean±standard error ($n=3$). Different small letters mean significant difference at the 0.05 level. 0-cli, 1-cli, 2-cli and 3-cli stand for pre-clipping and day 6 after the first, second and third clippings, respectively.

(3)总生物量系数 AI 和相对再生指数 RI

由图 3.16 可知,第 1 次去叶 6 d 后光照试验各处理之间的 AI 值存在着显著($P<0.05$)的差别,值大小具体呈现 $LD_5>L_1>L_5$ 的顺序;第 2 次和第 3 次去叶 6 d 后各处理之间的 AI 值也存在着显著($P<0.05$)的差别,呈现 $L_5>LD_5>L_1$ 的顺序。可见,单次去叶的情况下高茬最不易提高 AI 值,多次去叶的情况下高茬却最易提高 AI 值。

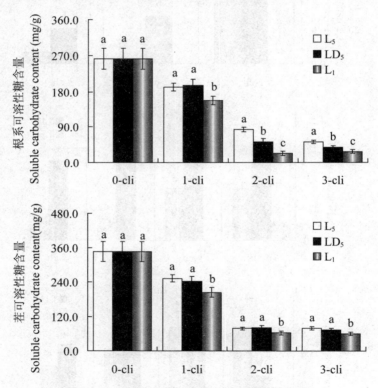

图 3.15　光照试验各处理根、茬可溶性糖含量

Fig 3.15　Soluble carbohydrate concentration in the roots and stubbles in different treatments of light experiment

注:数值为平均值±标准差($n=3$)。不同小写字母表示 $P<0.05$ 水平上差异显著。0-cli、1-cli、2-cli 和 3-cli 分别表示去叶前、第 1 次去叶 6 d 后、第 2 次去叶 6 d 后和第

3 次去叶 6 d 后。

Note：Values are mean±standard error（$n=3$）. Different small letters mean significant difference at the 0.05 level. 0-cli，1-cli，2-cli and 3-cli stand for pre-clipping and day 6 after the first，second and third clippings，respectively.

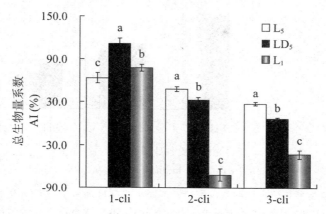

图 3.16　光照试验各处理的总生物量系数

Fig 3.16　Total biomass index in different treatments of light experiment

注：数值为平均值±标准差（$n=3$）。不同小写字母表示 $P<0.05$ 水平上差异显著。1-cli、2-cli 和 3-cli 分别表示第 1 次去叶 6 d 后、第 2 次去叶 6 d 后和第 3 次去叶 6 d 后。

Note：Values are mean±standard error（$n=3$）. Different small letters mean significant difference at the 0.05 level. 0-cli，1-cli，2-cli and 3-cli stand for pre-clipping and day 6 after the first，second and third clippings，respectively.

由图 3.17 可知，第 1 次去叶 6 d 后光照试验各处理之间的 RI 值大小依次为 $L_1>L_5>LD_5$，这三个处理间存在着显著（$P<0.05$）的差别；第 2 次和第 3 次去叶 6 d 后各处理之间的 RI 值却呈现 $L_5>LD_5>L_1$ 的顺序，处理间也存在着显著（$P<0.05$）的差别。可见，单次去叶的情况下低茬较易提高 RI 值，多次去叶的情况下高茬却最易提高 RI 值。

（4）激素含量

由图 3.18 可知，光照试验各处理叶片的 Z+ZR 含量从第 1 次去叶 6 d 后到第 3 次去叶 6 d 后均呈现下降的趋势，说明多次去叶易引起叶 Z+ZR 含量的下降。第 1 次去叶 6 d 后的叶 Z+ZR 含量，LD_5 和 L_1 处理显著（$P<0.05$）高于 L_5 处理；第 2 次和第 3 次去叶 6 d 后的叶 Z+ZR 含量，L_5 和 LD_5 处理显著（$P<0.05$）高于 L_1 处理。Z 和 ZR 是植物细胞分裂素的两种主要形态，因此，低茬和高茬断根在单次去叶的情况下，高茬在多次去叶的情况下，均易提高细胞分裂素在叶片中的含量。而留茬高度和断根对黑麦草叶片 IAA、GA 和 ABA 的含量都没用显著（$P<0.05$）的影响。

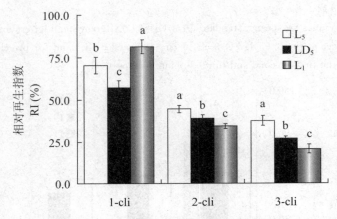

图 3.17　光照试验各处理的相对再生指数

Fig 3.17　Relative regrowth index in different treatments of light experiment

注:数值为平均值±标准差($n=3$)。不同小写字母表示 $P<0.05$ 水平上差异显著。1-cli、2-cli 和 3-cli 分别表示第 1 次去叶 6 d 后、第 2 次去叶 6 d 后和第 3 次去叶 6 d 后。

Note：Values are mean±standard error ($n=3$). Different small letters mean significant difference at the 0.05 level. 0-cli, 1-cli, 2-cli and 3-cli stand for pre-clipping and day 6 after the first, second and third clippings，respectively.

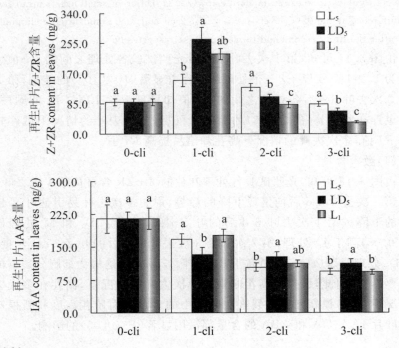

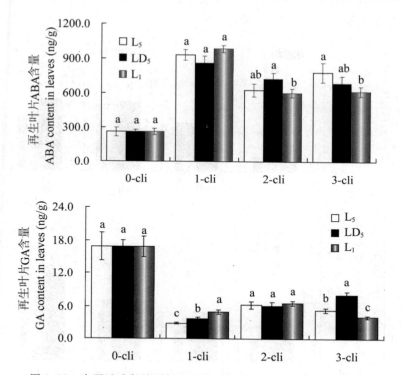

图 3.18　光照试验各处理新生叶片 Z+ZR、IAA、ABA 和 GA 含量

Fig 3.18　Z+ZR, IAA, ABA and GA concentrations in the newly grown leaves in different treatments of light experiment

注:数值为平均值±标准差($n=3$)。不同小写字母表示 $P<0.05$ 水平上差异显著。0-cli、1-cli、2-cli 和 3-cli 分别表示去叶前、第 1 次去叶 6 d 后、第 2 次去叶 6 d 后和第 3 次去叶 6 d 后。

Note：Values are mean±standard error ($n=3$). Different small letters mean significant difference at the 0.05 level. 0-cli, 1-cli, 2-cli and 3-cli stand for pre-clipping and day 6 after the first, second and third clippings, respectively.

由图 3.19 可知,Z+ZR 由根向叶输送的速率在第 1 次去叶 6 d 后,LD_5 和 L_1 处理显著($P<0.05$)高于 L_5 处理,但在第 3 次去叶 6 d 后 L_5 处理却显著($P<0.05$)高于 L_1 和 LD_5 处理。可见,低茬和高茬断根在单次去叶的情况下,高茬在多次去叶的情况下,均易提高细胞分裂素由根系向叶片输送的速率。高茬断根和低茬未能对叶 ABA 的含量及其由根系向叶片输送的速率产生显著($P<0.05$)的影响。

(5)相关性分析

由图 3.20 可知,光照试验各处理每次去叶 6 d 后的相对生长指数 RI 与茬中可溶性糖含量之间不呈现显著($P<0.05$)性相关关系,这说明茬中

贮存的有机物质对 RI 没有影响。

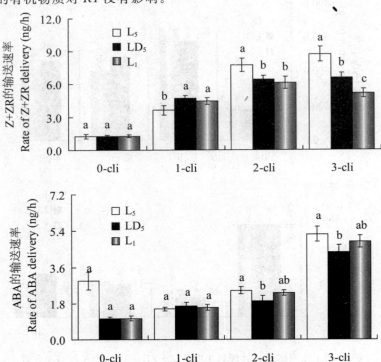

图 3.19 光照试验各处理 Z＋ZR 和 ABA 由根系向叶片的输送速率

Fig 3.19 Delivery rates of Z＋ZR and ABA from the roots to the leaves in different treatments of light experiment

注：数值为平均值±标准差（$n＝3$）。不同小写字母表示 $P＜0.05$ 水平上差异显著。0-cli、1-cli、2-cli 和 3-cli 分别表示去叶前、第 1 次去叶 6 d 后、第 2 次去叶 6 d 后和第 3 次去叶 6 d 后。

Note：Values are mean±standard error （$n＝3$）. Different small letters mean significant difference at the 0.05 level. 0-cli, 1-cli, 2-cli and 3-cli stand for pre-clipping and day 6 after the first, second and third clippings, respectively.

由图 3.21 可知，光照试验中第 1 次去叶 6 d 后，再生叶片的 Z＋ZR 含量与其生物量呈现负显著性（$P＜0.05$）的相关关系，而第 2 次和第 3 次去叶 6 d 后，二者呈现正极显著性（$P＜0.01$）的相关关系；而再生叶片的 IAA、GA 和 ABA 含量与其生物量并没有呈现出显著（$P＜0.05$）性相关关系。由图 3.22 可知，光照试验中第 2 次和第 3 次去叶 6 d 后，光照试验各处理的再生叶片 Z＋ZR 含量与 RI 存在着一个显著性（$P＜0.01$）的正相关关系；而再生叶片的 IAA、GA 和 ABA 含量与 RI 并没有呈现出显著（$P＜$

0.05)性相关关系。由图 3.23 可知,光照试验中每次去叶 6 d 后,叶 Z+ZR
含量与其由根系向叶片的输送速率呈极显著($P<0.01$)性正相关关系;而
叶 ABA 含量与其由根系向叶片的输送速率则没有呈现出显著性($P<$
0.05)相关关系。

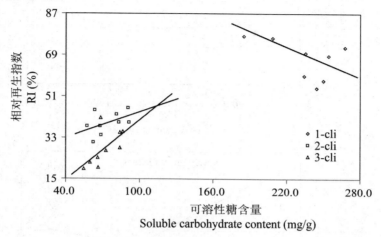

图 3.20　光照试验各处理 RI 与茬中可溶性糖相关分析

Fig 3.20　Relationship between soluble carbohydrate content in stubbles
with RI in different treatments of of light experiment

注:第 1 次、第 2 次和第 3 次去叶 6 d 后的回归方程分别是 $y=-0.224x+121.8$
($r^2=0.258,n=9$,不显著),$y=0.185x+25.48(r^2=0.232,n=9$,不显著),$y=0.430x-$
$2.485(r^2=0.394,n=9$,不显著)。

Note：The regression lines for 1-cli, 2-cli, and 3-cli are $y=-0.224x+121.8$ ($r^2=$
0.258, $n=9$, non-significant), $y=0.185x+25.48$ ($r^2=0.232$, $n=9$, non-signifi-
cant), and $y=0.430x-2.485$ ($r^2=0.394$, $n=9$, non-significant), respectively.

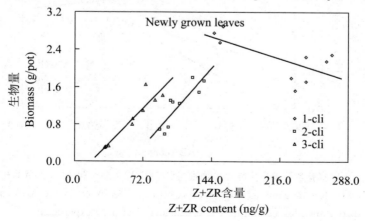

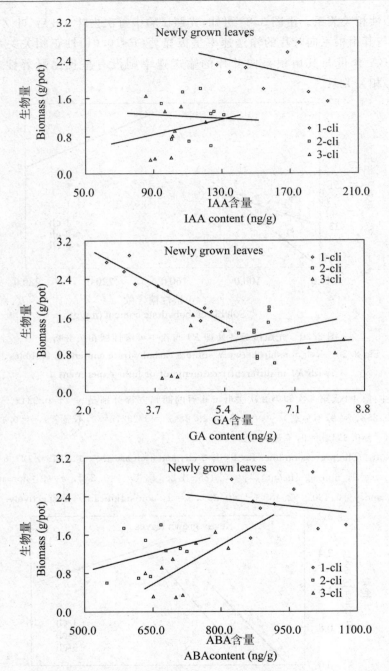

图 3.21　光照试验各处理再生叶片生物量与 Z＋ZR、IAA、GA 和 ABA 含量的相关分析

Fig 3.21　Relationship between biomass with Z＋ZR，IAA，GA and ABA concentrations in newly grown leaves in different treatments of of light experiment

注：第 1 次、第 2 次和第 3 次去叶 6 d 后，生物量与 Z+ZR 含量的回归方程分别是 $y=-0.007x+3.601$（$r^2=0.462$，$n=9$，$P<0.05$），$y=0.021x-0.362$（$r^2=0.881$，$n=9$，$P<0.01$），$y=0.023x-1.348$（$r^2=0.757$，$n=9$，$P<0.01$）；第 1 次、第 2 次和第 3 次去叶 6 d 后，生物量与 IAA 含量的回归方程分别 $y=0.008x+3.439$（$r^2=0.136$，$n=9$，不显著），$y=-0.002x+1.423$（$r^2=0.003$，$n=9$，不显著），$y=0.008x+0.119$（$r^2=0.028$，$n=9$，不显著）；第 1 次、第 2 次和第 3 次去叶 6 d 后，生物量与 GA 含量的线性回归分别是 $y=-0.468x+3.997$（$r^2=0.873$，$n=9$，$P<0.01$），$y=0.184x+0.047$（$r^2=0.013$，$n=9$，不显著），$y=0.063x+0.550$（$r^2=0.050$，$n=9$，不显著）；第 1 次、第 2 次和第 3 次去叶 6 d 后，生物量与 ABA 含量的回归方程分别是 $y=-0.001x+3.198$（$r^2=0.034$，$n=9$，不显著），$y=0.0054x-0.951$（$r^2=0.419$，$n=9$，不显著），$y=0.003x-0.408$（$r^2=0.101$，$n=9$，不显著）。

Note：In Z+ZR，the regression lines for 1-cli，2-cli，and 3-cli are $y=-0.007x+3.601$（$r^2=0.462$，$n=9$，$P<0.05$），$y=0.021x-0.362$（$r^2=0.881$，$n=9$，$P<0.01$），and $y=0.023x-1.348$（$r^2=0.757$，$n=9$，$P<0.01$），respectively. In IAA，the regression lines for 1-cli，2-cli，and 3-cli are $y=0.008x+3.439$（$r^2=0.136$，$n=9$，non-significant），$y=-0.002x+1.423$（$r^2=0.003$，$n=9$，non-significant），and $y=0.008x+0.119$（$r^2=0.028$，$n=9$，non-significant），respectively. In GA，the regression lines for 1-cli，2-cli，and 3-cli are $y=-0.468x+3.997$（$r^2=0.873$，$n=9$，$P<0.01$），$y=0.184x+0.047$（$r^2=0.013$，$n=9$，non-significant），and $y=0.063x+0.550$（$r^2=0.050$，$n=9$，non-significant），respectively. In ABA，the regression lines for 1-cli，2-cli，and 3-cli are $y=-0.001x+3.198$（$r^2=0.034$，$n=9$，non-significant），$y=0.0054x-0.951$（$r^2=0.419$，$n=9$，non-significant），and $y=0.003x-0.408$（$r^2=0.101$，$n=9$，non-significant），respectively.

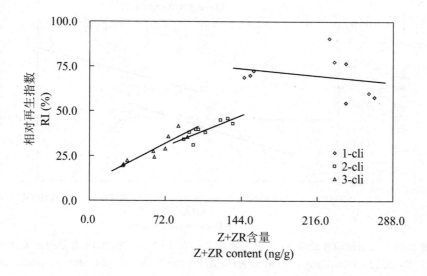

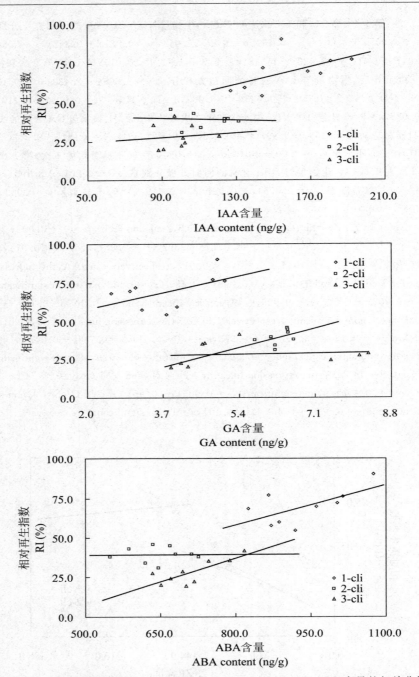

图 3.22 光照试验各处理 *RI* 与再生叶片 Z＋ZR、IAA、GA 和 ABA 含量的相关分析

Fig 3.22   Relationship between *RI* with Z＋ZR,IAA,GA and ABA concentrations in newly grown leaves in different treatments of of light experiment

注:第 1 次、第 2 次和第 3 次去叶 6 d 后,RI 与 Z+ZR 含量的回归方程分别是 $y=-0.055x+81.418$($r^2=0.059$,$n=9$,不显著),$y=0.239x+13.05$($r^2=0.672$,$n=9$,$P<0.01$),$y=0.306x+9.802$($r^2=0.823$,$n=9$,$P<0.01$);第 1 次、第 2 次和第 3 次去叶 6 d 后,RI 与 IAA 含量的回归方程分别 $y=0.275x+26.158$($r^2=0.303$,$n=9$,不显著),$y=-0.028x+42.524$($r^2=0.005$,$n=9$,不显著),$y=0.0712x+21.22$($r^2=0.010$,$n=9$,不显著);第 1 次、第 2 次和第 3 次去叶 6 d 后,RI 与 GA 含量的回归方程分别是 $y=6.176x+46.039$($r^2=0.270$,$n=9$,不显著),$y=7.583x-8.286$($r^2=0.178$,$n=9$,不显著),$y=0.382x+26.186$($r^2=0.050$,$n=9$,不显著);第 1 次、第 2 次和第 3 次去叶 6 d 后,RI 与 ABA 含量的回归方程分别是 $y=0.086x-10.336$($r^2=0.399$,$n=9$,不显著),$y=0.001x+38.548$($r^2=0.0002$,$n=9$,不显著),$y=0.099x-42.81608$($r^2=0.624$,$n=9$,不显著)。

Note:In Figure Z+ZR,the regression lines for 1-cli,2-cli,and 3-cli are $y=-0.055x+81.418$ ($r^2=0.059$,$n=9$,non-significant),$y=0.239x+13.05$ ($r^2=0.672$,$n=9$,$P<0.01$),and $y=0.306x+9.802$ ($r^2=0.823$,$n=9$,$P<0.01$),respectively. In Figure IAA,the regression lines for 1-cli,2-cli,and 3-cli are $y=0.275x+26.158$ ($r^2=0.303$,$n=9$,non-significant),$y=-0.028x+42.524$ ($r^2=0.005$,$n=9$,non-significant),and $y=0.0712x+21.22$ ($r^2=0.010$,$n=9$,non-significant),respectively. In Figure GA,the regression lines for 1-cli,2-cli,and 3-cli are $y=6.176x+46.039$ ($r^2=0.270$,$n=9$,non-significant),$y=7.583x-8.286$ ($r^2=0.178$,$n=9$,non-significant),and $y=0.382x+26.186$ ($r^2=0.050$,$n=9$,non-significant),respectively. In Figure ABA,the regression lines for 1-cli,2-cli,and 3-cli are $y=0.086x-10.336$ ($r^2=0.399$,$n=9$,non-significant),$y=0.001x+38.548$ ($r^2=0.0002$,$n=9$,non-significant),and $y=0.099x-42.81608$ ($r^2=0.624$,$n=9$,non-significant),respectively.

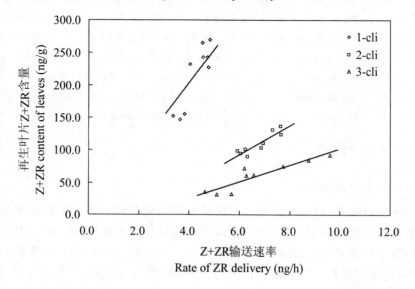

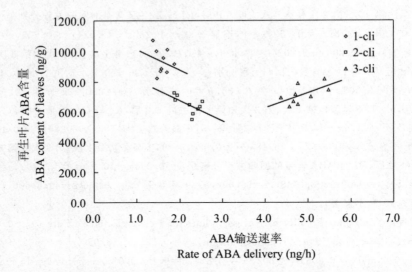

图 3.23　光照试验各处理再生叶片 Z＋ZR、ABA 含量与各自输送速率的相关分析

Fig 3. 23　Relationship between Z＋ZR with its delivery rate and

ABA with its delivery rate in different treatments of of light experiment

注:第 1 次、第 2 次和第 3 次去叶 6 d 后,Z＋ZR 含量与其由根系向叶片输送速率的回归方程分别是 $y=81.685x-131.741(r^2=0.7972,n=9,P<0.01)$,$y=22.408x-41.766(r^2=0.8109,n=9,P<0.01)$,$y=12.616x-24.256(r^2=0.8344,n=9,P<0.01)$;第 1 次、第 2 次和第 3 次去叶 6 d 后,ABA 含量与由其根系向叶片输送速率的回归方程分别是 $y=-135.38x+948.55(r^2=0.3704,n=9,$不显著$)$,$y=-135.11x+1151.2(r^2=0.0613,n=9,$不显著$)$,$y=100.63x+223.62(r^2=0.3762,n=9,$不显著$)$。

Note：In Figure Z＋ZR,the regression lines for 1-cli,2-cli,and 3-cli are $y=81.685x-131.741$ $(r^2=0.7972,n=9,P<0.01)$,$y=22.408x-41.766$ $(r^2=0.8109,n=9,P<0.01)$,and $y=12.616x-24.256$ $(r^2=0.8344,n=9,P<0.01)$,respectively. In Figure ABA,the regression lines for 1-cli,2-cli,and 3-cli are $y=-135.38x+948.55$ $(r^2=0.3704,n=9,$non-significant$)$,$y=-135.11x+1151.2$ $(r^2=0.0613,n=9,$non-significant$)$,and $y=100.63x+223.62$ $(r^2=0.3762,n=9,$non-significant$)$,respectively.

3.5.4　讨论

1. 遮光下的叶再生

在本研究中,遮光试验各处理的黑麦草只能利用其体内贮存碳水化合物来参与叶片的再生。遮光试验高茬 B_5 处理与高茬断根 DB_5 处理具有不同的根系生物量,它们却具有相似的再生叶片生物量;而高茬 B_5 处理与低茬 B_1 处理均具有较大的根系,再生叶片生物量 B_5 处理却显著($P<0.05$)

高于 B_1 处理;这三个不同的处理根系可溶性糖含量也没有显著性差异。这说明非常少的根系贮存碳水化合物参与了叶片的再生。

在遮光试验的三个处理中,低茬 B_1 处理的留茬高度最少,其再生叶片的生物量也最少,而高茬 B_5 处理与低茬 B_1 处理相比具有较大的茬,而其再生叶片的生物量也较大。因此,茬贮存的碳水化合物大量地直接参与叶片的再生。由于贮存碳水化合物是黑麦草贮存有机物质的最主要形式(Seneweeraa 和 Conroyb,2005;Gadegaard 等,2008),故遮光下黑麦草主要利用茬贮存有机物质用于其叶片的再生。光照条件下,再生叶片会利用光合作用制造出大量的新生光合产物,这会进一步减弱叶片再生对根系贮存有机物质需求的潜能。另外,目前鲜有见到有关于光照会促进根系中大量的贮存有机物质被用于地上部分叶片生长的报道。因此,光照条件下茬依然是贮存有机物质参与叶片再生的主要来源部位。半遮光试验 S_5 处理与 W_5 处理,S_1 处理与 W_1 处理之间每次去叶 6 d 后的再生叶片生物量也表现出类似的结果,这说明光合作用对叶片的再生影响很小。这可能是由于试验中植株干枯变黄后,残茬拥有的光合作用能力很小的缘故。

2.相对再生指数和生物量

Wang 等的研究发现,叶片中较高的细胞分裂素含量会促进黑麦草的再生。本研究的光照试验中,第 1 次去叶 6 d 后,与高茬 L_5 处理相比,低茬 L_1 处理叶片中较高的 Z+ZR 含量并未促进其再生。主要原因在于高茬 L_5 处理具有相对较大的茬,其叶再生会潜在地大量利用茬贮存有机物质。与高茬处理相比,多次去叶引起了低茬处理茬生物量较大幅度的下降,这会进一步削弱低茬处理茬叶再生利用茬贮存有机物的潜能。可见,无论在单次去叶或是在多次去叶的情况下,茬贮存有机物质的参与是引起低茬处理叶再生能力较低的一个主要原因。为探讨由根系诱导的细胞分裂素对不同茬高黑麦草叶再生的影响,非常有必要排除贮存有机物对叶再生的影响。

王永军等(2005)曾用刈割后的所测量的墨西哥玉米留茬干重与再生部分干重的比来反映再生能力的强弱。然而,本研究却以去叶前茬的干重与去叶后再生所引起的整株干重的增量(即 AI)和去叶后再生叶片的生物量与叶前茬的干重的比值(即 RI)来反映再生能力的强弱。本质上讲,非贮存有机物质参与的叶再生,是由叶片新生光合产物引起的有机物质聚集的结果。不过光合产物会存在于整个植株体,包括根、叶茬内分配。因此,非常有必要以整个植株为基础来研究茬高不同黑麦草的再生。与整个茬相比,茬高不同黑麦草单位重量的茬具有相对较为接近的向再生叶片提供贮存有机物质的能力。RI 表示单位茬重所支撑的去叶后的再生过程中有机物质的变化,能相对最小化地消除茬贮存有机物质参与叶再生而引起的不同茬高黑麦草再生的差别。

光照试验中,与高茬 L$_5$ 处理相比,单次去叶下相对较高的 AI 和 RI 值出现在低茬 L$_1$ 处理和高茬断根 DL$_5$ 处理中,说明低茬和高茬断根较有利于单次去叶的情况下,非贮存有机物质参与的黑麦草再生。另外,单次去叶的情况下,低茬处理和高茬断根处理还具有比高茬处理较高的叶片 Z+ZR含量。许多学者报道,细胞分裂素是一种重要的可以促进植物生长发育的激素(Xu 等,2008;Choi 和 Hwang,2007;彭静等,2008;刘杨等,2012)。所以,在单次去叶的情况下,低茬和高茬断根处理再生叶片中较高的细胞分裂素含量是促进它们再生的关键因素。在多次去叶的情况下,与低茬和高茬断根处理相比,高茬处理再生叶片具有较高的细胞分裂素含量,其 AI 和 RI 也较高。同理,在多次去叶情况下,叶片细胞分裂素同样是促进高茬处理叶再生的关键。

3. 细胞分裂素由根向叶的输送

伤流液是植物在根压的作用下从植物茎基部输导组织溢出的汁液,其数量和成分可以作为根系代谢活动强弱的重要指标。一般来讲,植物体内细胞分裂素可经木质部伤流液从根系传输到地上部分的茎叶中(Dodd,2005;Zaicovski 等,2008)。本研究光照试验中,单次去叶的情况下低茬和高茬断根处理具有较高的 Z+ZR 从根系到叶片的传输速率,以及较高的叶Z+ZR 含量;多次去叶的情况下,高茬处理却具有较高的 Z+ZR 从根系到叶片的传输速率,和较高的叶 Z+ZR 含量。另外,无论在单次去叶的情况下,还是在多次去叶的情况下,Z+ZR 从根系到叶片的传输速率与它们叶片中的 Z+ZR 含量呈现显著性的正相关关系。故去叶后黑麦草叶片中的Z+ZR 含量受到根的直接调控。

对植物而言,较大的根系会支撑其地上部分较大的茎叶。在互花米草(Spartina alterniflora)、棉花(Gossypium hirsutum)、小麦(Triticum aestivum L.)等植物上的研究表明,较大的根系会促进地上部分茎叶迅速生长(刘瑞显等,2009;闫永銮等,2011;Hessini 等,2009)。光照试验中,与高茬断根处理相比,首次去叶后低茬处理相对较小的茬造成其相对较大的根系,这会影响到其去叶后的再生,从而其根系会诱导细胞分裂素较快地向地上部分运输,来影响地上部分叶片的再生。一般来说,新生根系常常是产生细胞分裂素的主要部位。首次去叶后,光照试验的高茬断根处理的断根引起其新生根系的大量生长,从而促进其根系中的细胞分裂素较快地向叶片中运输。多次去叶下,低茬处理的根系生物量被大量消耗,但根系细胞分裂素的合成以及向叶片的输送是一个能量消耗的过程,结果其细胞分裂素具有较小的由根系向叶片的输送速率。同样,多次去叶下,断根导致低茬断根处理具有较小的根系,引起细胞分裂素由根系向叶片输送的速率的降低。

4. 生长素和赤霉素

光照试验中,单次去叶下低茬 L_1 处理具有相对较高的 AI 和 RI 值,说明低茬有利于单次去叶下黑麦草的叶再生。在单次去叶时,再生叶片中 IAA 和 GA 的含量低茬 L_1 处理均比高茬 L_5 处理和高茬断根 LD_5 处理高,但第 2 次去叶 6 d 后,再生叶片中 GA 含量三个处理无明显差异,而 IAA 含量 L_1 处理则显著高于 L_5 处理,这说明,在黑麦草去叶再生过程中生长素可能起着一定的影响。在单次去叶下,低茬 L_1 处理具有相对较高的 RI 值,且根系的生物量虽与 L_5 和 LD_5 处理没有明显差异,但平均值却略高于这两个处理,这可能是由于严重去叶会刺激叶片中生长素的迅速合成,因为其极性运输的特性,而对根系生长或根系吸收功能产生了积极影响,进而导致非贮存有机物质参与了黑麦草的再生。王佳等研究发现,氮素水平对黑麦草新生叶片中细胞分裂素含量有一定影响,也有研究表明,水稻秧苗叶片生长素(IAA)含量与氮素水平有显著的相关关系,因此,生长素很可能会通过对根系氮素吸收的影响,进而影响叶片再生。

3.5.5　小结

本研究中,我们发现相比于根系来说,茬中贮存的有机物质对叶片的再生关系更密切。单次去叶下,低茬和断根处理能减少叶片的再生生物量,增加相对再生指数(RI)和叶片 Z+ZR 含量。遮光下高茬和高茬断根的再生叶片的生物量较为接近,而它们均显著高于低茬的生物量。光照条件下,在低茬和高茬断根单次去叶,以及高茬多次去叶的情况下,均易引起较高的再生叶片生物量、AI 值和叶片 Z+ZR 含量。另外,光照试验各处理的叶 Z+ZR 含量受其由根系向叶片输送的速率的直接调控。总之,从根系影响叶片生长的角度来讲,根系诱导的细胞分裂素是调控不同茬高黑麦草再生的关键性因素。

参考文献

[1]Zhao W, Chen S P, Lin G H. Compensatory growth responses to clipping defoliation in Leymus chinensis(Poaceae)under nutrient addition and water deficiency conditions[J]. Plant Ecology,2008,196(1):85－99.

[2]Andreasen C,Hansen CH,M ller C,et al. Regrowth of weed species after clipping[J]. Weed Techno,2002,116:873－879.

[3]韩龙,郭彦军,韩建国等.不同刈割强度下羊草草甸草原生物量与植物群落多样性研究[J].草业学报,2010,19(3):70－75.

[4]黄彩变,曾凡江,雷加强.留茬高度对骆驼刺生长发育和产草量的影响[J].草地学报,2011,19(6):948－953.

[5]顾梦鹤,王涛,杜国桢.刈割留茬高度和不同播种组合对人工草地初级生产力和物种丰富度的影响[J].西北植物学报,2011,31(8):1672－1676.

[6]Gastal F,Dawson A,Thornton B. Responses of plant traits of four grasses from contrasting habitats to clipping and N supply[J]. Nutrient Cycling in Agroecosystems,2010,88:245－258.

[7]Veselova S V,Farhutdinov R G,Veselov S Y,et al. The effect of root cooling on hormone content,leaf conductance and root hydraulic conductivity of durum wheat seedlings(Triticum durum L.)[J]. Journal of Plant Physiology,2005,162:21－26.

[8]Bano A. Root-to-shoot signal transduction in rice under salt stress [J]. Pakistan Journal of Botany,2010,42:329－339.

[9]Yang J C,Zhang J H,Wang Z Q,et al. Activities of fructan and sucrose-metabolizing enzymes in wheat stems subjected to water stress during grain filling[J]. Planta,2004,220:331－343.

[10]刘丹,李雪林,王晓凌.断根与外源细胞分裂素诱导去叶黑麦草耐牧性的研究[J].中国农学通报,2012,28(14):12－16.

[11]Lee M J,Donaghy D J,Sathish P,et al. Interaction between water-soluble carbohydrate reserves and defoliation severity on the regrowth of perennial ryegrass(Lolium perenne L.)-dominant swards[J]. Grass and Forage Science,2009,64:266－275.

[12]Seneweeraa S P,Conroyb J P. Enhanced leaf elongation rates of wheat at elevated CO_2 :is it related to carbon and nitrogen dynamics within the growing leaf blade[J]. Environmental and Experimental Botany,2005, 54:174－181.

[13]Gadegaard G,Didion T,Folling M,et al. Improved fructan accumulation in perennial ryegrass transformed with the onion fructosyltransferase genes 1-SST and 6G-FFT[J]. Journal of Plant Physiology,2008, 165:1214－1225.

[14]王永军,王空军,董树亭等.留茬高度与刈割时期对墨西哥玉米再

生性能的影响[J].中国农业科学,2005,38(8):1555—1561.

[15]Xu Z,Wang P Y,Guo Y P,et al. Stem-swelling and photosynthate partitioning in stem mustard are regulated by photoperiod and plant hormones [J]. Environmental and Experimental Botany,2008,62:160—167.

[16]Choi J,Hwang I. Cytokinin:perception,signal transduction,and role in plant growth and development[J]. Journal of Plant Physiology, 2007,50:98—108.

[17]彭静,彭福田,魏绍冲等.氮素形态对平邑甜茶 IPT3 表达与内源激素含量的影响[J].中国农业科学,2008,41(11):3716—3721.

[18]刘杨,顾丹丹,许俊旭等.细胞分裂素对水稻分蘖芽生长及分蘖相关基因表达的调控[J].中国农业科学,2012,45(1):44—51.

[19]Dodd I C. Root-to-shoot signaling:assessing the roles of 'up' in the up and down world of long-distance signalling in planta[J]. Plant and Soil,2005,274:251—270.

[20]Zaicovski C B Z,Zimmerman T,Nora L,et al. Water stress increases cytokinin biosynthesis and delays postharvest yellowing of broccoli florets[J]. Postharvest Biology and Technology,2008,49:436—439.

[21]刘瑞显,陈兵林,王友华等.氮素对花铃期干旱再复水后棉花根系生长的影响[J].植物生态学报,2009,33(2):405—413.

[22]闫永銮,郝卫平,梅旭荣等.拔节期水分胁迫-复水对冬小麦干物质积累和水分利用效率的影响[J].中国农业气象,2011,32(2):190—195.

[23]Hessini K,Martínez J P,Gandour M,et al. Effect of water stress on growth,osmotic adjustment,cell wall elasticity and water-use efficiency in Spartina alterniflora[J]. Environmental and Experimental Botany,2009, 67:312—319.

3.6 生长素诱导的叶根信号传递对黑麦草再生的影响

3.6.1 引言

再生性是牧草的一个重要特性,很多牧草在刈割后,都具有再生的能力。牧草刈割后的再生过程是植物利用自身所含有的营养源以补偿其生长所需的营养和调整自身的生理反应来维持其生长的过程。在植物幼苗的萌发过程中,生长素可通过调节内源活性物质的代谢,刺激植物的生长。有研究表明,生长素能抑制植物叶片的衰老,与植物逆境或抗性反应存在相互关联(包方等,2001)。外源 IAA 通过促进杂交稻的叶片 SOD 活性和降低叶片 MDA 含量,从而维持细胞膜的完整性,延缓了叶片的衰老速度(陈海生,2012)。外源生长素能明显增加小麦根系可溶性糖含量,也能够使海水胁迫下的小麦根系脯氨酸含量大幅减少;生长素能够调节小麦根系和胚芽中的物质合成,在某种程度上可以提高小麦萌发幼苗对海水胁迫的适应性(刘洪展等,2015;刘洪展和郑风荣,2007)。

根系是植物吸收水分和养分,以及转化和储藏营养物质的重要器官,同时还是合成激素和有机酸的场所。由于植物是一个整体协调的完整系统,牧草去叶势必对牧草再生过程中根系的生长及其活力造成影响。Wang 等研究发现,由根系诱导的叶片细胞分裂素是调控多次去叶下多花黑麦草再生的关键因素,而根系吸收和向叶片运输的硝态氮的多少,能对黑麦草叶片细胞分裂素的合成产生一定的影响。前一章的研究结果显示,黑麦草在单次去叶下,低茬处理具有相对较高的 RI 值,而且叶片 Z+ZR 含量也较高,可能是由于严重去叶会刺激叶片中生长素的迅速合成而对根系长生影响,导致非贮存有机物质参与了黑麦草的再生。有研究表明,烤烟在打顶后涂抹 NAA 或喷施 20 mg·kg^{-1} 的 IAA,可以提高其叶片的 GS 和 NR 的活性,有利于烤烟提高根系活力,以及对氮素的吸收、同化和积累;在烤烟封顶期用生长素浇根部或涂茎顶,可有效减少烟株硝态氮的积累,协调烟叶化学成分。因此,推测外源生长素对黑麦草再生能产生一定的影响,可能通过对根系或叶片中氮素的影响进而影响叶片细胞分裂素的合成,而对叶片再生起到积极作用。目前,关于对外源生长素多次去叶下黑麦草的再生有何影响,目前至今未见报道。

生长素主要分布于芽、根尖等生长旺盛部位,为更好的探索外源生长素对黑麦草再生过程的影响,本研究在试验开始前,对部分试验处理采取断根处理,以确保生长素被更好的吸收和利用。基于根系对叶片再生的调控,本研究通过检测黑麦草叶片中玉米素和玉米素核苷(Z+ZR)的含量,来探讨生长素诱导的叶根信号传递对黑麦草叶再生的影响。

3.6.2　材料与方法

1.试验设计

本研究于河南科技大学农学院实验农场进行,供试材料为购自中国百绿集团的"特高"一年生多花黑麦草。将完整的黑麦草"特高"的种子,通过本文第 2 章中黑麦草组培快繁技术获得的大量基本一致的种苗(最终来自于一粒种子),移栽至直径 25 cm 左右的花盆中,每花盆装 5.5 kg 蛭石和碳土(3:1),每盆移栽聚在一起的 6 棵黑麦草苗,在 19℃到 25℃环境的温室中培育,两周后,挑选长势一致、健壮的苗洗净并去叶剪根,移栽至纯蛭石基质中培养。

本研究共包含两个阶段。其中,第一阶段为预备试验,设置不同浓度的外源物质,通过两个试验分别找出对黑麦草再生产生显著影响的外源物质的最佳浓度,这两个试验分别为向根系施加外源生长素 IAA(试验-1)和向叶片喷施生长素运输抑制剂 TIBA(试验-2)。第二阶段在第一阶段试验基础上,进一步研究多次去叶下外源 IAA 及 TIBA 对黑麦草新生叶生物量、内源激素 Z+ZR 等的影响,共两个试验。

第一阶段:在蛭石基质中培养的盆栽组培苗,大约到拔节期时,从中挑选出 18 盆生长均匀一致且健壮的幼苗来用于研究。试验-1 共有 3 个处理,每处理 3 盆,每盆为 1 个重复,该 3 个处理分别为:①根系不添加 IAA(R_0);②根系添加 8 mg·L^{-1} 的 IAA(R_1);③根系添加 15 mg·L^{-1} 的 IAA(R_2)。试验-1 所有处理的留茬高度均为 6 cm,进行 1/2 断根处理,断根的方法如下:将花盆放在一水平的桌子上,用 25 cm 长、2.5 cm 宽的刀子从花盆纵向的中间位置进行水平横向切割,使花盆及根系完全断为两半,向下半部分的花盆中装入新的蛭石,再将这断开的两半花盆按原来位置对齐,用胶带粘到一起,保证盆的完整,以防止盆中基质的流失。试验-1 每隔 5 d 去叶 1 次,每次去叶后向根系添加既定浓度的 IAA,每两天施加 1 次,试验共去叶 4 次。试验-2 共 3 个处理,每处理 3 盆,每盆为 1 个重复,所有处理的留茬高度均为 6 cm,该 3 个处理分别为:①叶片不喷施 TIBA(T_0);②叶片喷施 10 mg·L^{-1} 的 TIBA(T_1);③叶片喷施 20 mg·L^{-1} 的 TIBA(T_2)。试验-2 每隔 5 d 去叶 1 次,每次去叶后向叶片喷施既定浓度的 TIBA,以叶面叶背湿露为度,喷施时用薄膜将植株四周封闭,以防相互干扰,每两天喷施 1 次,试验共去叶 4 次。

第二阶段:在蛭石基质中培养的盆栽组培苗,大约到拔节期时,从中挑选出 36 盆生长均匀一致且健壮的幼苗来用于研究。试验-3 共有 4 个处理,每处理 3 盆,每盆为 1 个重复,分别为:①每次去叶后根系均不添加 IAA(CK);②去叶后 5 d,开始向根系添加 8 mg·L^{-1} 的 IAA(I_1R);③第 1 次去叶后 5 d,开始向根系添加 8 mg·L^{-1} 的 IAA(I_2R);④第 2 次去叶后 5 d,开始向根系添加 8 mg·L^{-1} 的 IAA(I_3R)。试验-3 所有处理的留茬高度均为 6 cm,进行 1/2 断根处理,断根的方法如下:将花盆放在一水平的桌子上,用 25 cm 长、2.5 cm 宽的刀子从花盆纵向的中间位置进行水平横向切割,使花盆及根系完全断为两半,向下半部分的花盆中装入新的蛭石,再将这断开的两半花盆按原来位置对齐,用胶带粘到一起,保证盆的完整,以防止盆中基质的流失。试验-3每隔5 d去叶1次,每次去叶后向根系添加IAA,每两天施加1次,试验共去叶4次。试验-4共有4个处理,每处理3盆,每盆为1个重复,所有处理的留茬高度均为6 cm,分别为:①每次去叶后叶片均不喷施 TIBA(CK);②去叶后5 d,开始向叶片喷施 10 mg·L^{-1} 的 TIBA(T_1L);③第 1 次去叶后 5 d,开始向叶片喷施 10 mg·L^{-1} 的 TIBA(T_2L);④第 2 次去叶后 5 d,开始向叶片喷施 10 mg·L^{-1} 的 TIBA(T_3L)。试验-4每隔5 d去叶1次,每次去叶后向叶片喷施TIBA,以叶面叶背湿露为度,喷施时用薄膜将植株四周封闭,以防相互干扰,每两天喷施1次,试验共去叶4次。

2.测量指标及方法

生物量的测定:用水洗的方法把黑麦草的根系从土壤中分离出来。将新生叶片、根系以及茬的样品放入 70℃ 的烘箱中烘至恒重,得到生物量。每次取样在下午 6:00 左右。叶片激素测定:称取 0.5 g 新鲜叶片,剪碎,吸取 2 mL 样品提取液 80% 甲醇(含 1 mmol·L^{-1} BHT),冰浴下研磨成匀浆,再转入到 10 mL 试管中,然后用 2 mL 提取液将研钵分次冲洗干净,转入到试管中,摇匀后置于 4℃ 的冰箱中,提取 4 h,6500 rpm·min^{-1} 离心 20 min,取上清液;沉淀中再加入 1 mL 的提取液,搅匀后置 4℃ 冰箱中再提取 1 h,离心,将上清液合并;合并后的上清液过 C-18 固相萃取柱,将过柱后的样品转入 5 mL 塑料离心管中,用氮气吹干,然后将残留物溶解在 0.01 mol·L^{-1} 磷酸盐缓冲液中(pH 为 7.4)。测定 Z+ZR 的含量采用酶联免疫吸附法(ELISA),具体操作方法见本书第 3 章。Z+ZR 的小鼠单克隆抗体以及酶联免疫试验中使用的抗体 IgG-HRP 均由中国农业大学植物激素研究所提供。本章中的图和表中的所有数据均是平均值,采用 SAS(version 6.12)进行分析。用最小显著差数法来进行处理间的多重比较。

3.6.3 结果与分析

1.第一阶段试验

由图 3.24 可知,这两个试验中,所有处理随去叶次数的增加,再生叶片的生物量呈降低的趋势。在向根系添加不同浓度 IAA 的试验-1 中,在每次去叶 5 d 后,R_1 处理的再生叶片生物量显著($P<0.05$)高于 R_0 和 R_2 处理;在向叶片喷施不同浓度 TIBA 的试验-2 中,在每次去叶 5 d 后,T_0 处理的再生叶片生物量显著($P<0.05$)高于 T_1 和 T_2 处理,在第 2 次和第 3 次去叶 5 d 后,T_1 处理的生物量显著($P<0.05$)低于 T_2 处理,再生叶片生物量

最少。因此,在向根系添加 IAA 时,低浓度 8 mg·L^{-1} 的 IAA 处理更有助于叶片再生;在向叶片喷施 TIBA 时,低浓度 10 mg·L^{-1} 的 TIBA 处理更能抑制叶片再生。

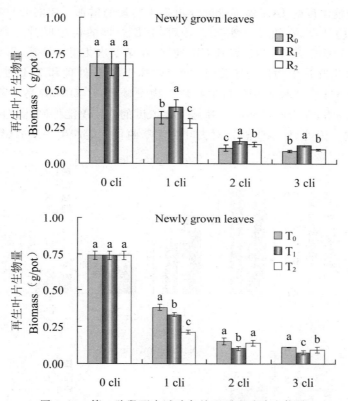

图 3.24　第一阶段两个试验各处理再生叶片生物量

Fig 3.24　Regrowth leaf biomass in all treatments of two experiments in the first stage

注:数值为平均值±标准差($n=3$)。不同小写字母表示 $P<0.05$ 水平上差异显著。0-cli、1-cli、2-cli 和 3-cli 分别表示去叶前、第1次去叶5 d后、第2次去叶5 d后和第3次去叶5 d后。下同。

Note:Values are mean±standard error ($n=3$). Different small letters mean significant difference at the 0.05 level. 0-cli, 1-cli, 2-cli and 3-cli stand for pre-clipping and day 5 after the first, second and third clippings, respectively. The same below.

2. 第二阶段试验

(1)生物量

由图 3.25 可知,这两个试验中,所有处理随去叶次数的增加,再生叶片的生物量呈降低的趋势。在向根系添加 IAA 的试验-3 中,在第 1 次去叶 5 d 后,I_1R 处理的再生叶片生物量显著($P<0.05$)高于 I_2R、I_3R 以及 CK 处

理,在第 2 次去叶 5 d 后,I_1R 处理和 I_2R 处理的再生叶片生物量均显著($P<0.05$)高于 I_3R 和 CK 处理,在第 3 次去叶 5 d 后,CK 处理的再生叶片生物量最少,显著($P<0.05$)低于其他三个处理;这说明,在去叶后向根系添加一定能浓度的 IAA 能促进叶片再生生物量的增加。在向叶片喷施 TI-BA 的试验-4 中,在第 1 次去叶 5 d 后,T_1L 处理的再生叶片生物量显著($P<0.05$)低于 T_2L、T_3L 以及 CK 处理,在第 2 次去叶 5 d 后,T_3L 和 CK处理的再生叶片生物量均显著($P<0.05$)高于 T_1L 处理和 T_2L 处理,在第 3 次去叶 5 d 后,CK 处理的再生叶片生物量显著($P<0.05$)高于其他三个处理;这说明,在去叶后向叶片喷施一定浓度的 TIBA 能抑制叶片再生生物量的增加。因此,外源生长素对去叶黑麦草的再生能产生一定的影响。

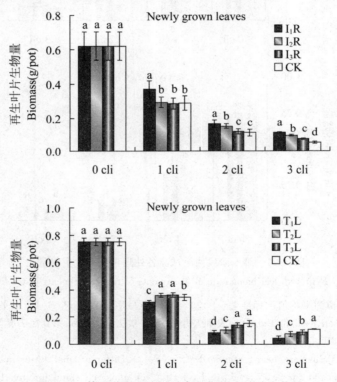

图 3.25 第二阶段两个试验各处理再生叶片生物量

Fig 3.25 Regrowth leaf biomass in all treatments of two experiments in the second stage

注:数值为平均值±标准差($n=3$)。不同小写字母表示 $P<0.05$ 水平上差异显著。0-cli、1-cli、2-cli 和 3-cli 分别表示去叶前、第 1 次去叶 5 d 后、第 2 次去叶 5 d 后和第 3 次去叶 5 d 后。

Note:Values are mean±standard error ($n=3$). Different small letters mean significant difference at the 0.05 level. 0-cli, 1-cli, 2-cli and 3-cli stand for pre-clipping and day 5 after the first, second and third clippings, respectively.

（2）细胞分裂素

由图 3.26 可知,试验-3 和试验-4 各处理叶片的 Z+ZR 含量从第 1 次去叶 5 d 后到第 3 次去叶 5 d 均呈现下降的趋势,说明多次去叶易引起叶 Z+ZR 含量的下降。试验-3 中,第 1 次去叶 5 d 后的叶 Z+ZR 含量,I_1R 处理显著($P<0.05$)高于 I_2R、I_3R 以及 CK 处理;第 2 次去叶 5 d 后的叶 Z+ZR 含量,I_1R 和 I_2R 处理均显著($P<0.05$)高于 I_3R 和 CK 处理;在第 3 次去叶 5 d 后,CK 处理的叶 Z+ZR 含量最少,显著($P<0.05$)低于其他三个处理。试验-4 中,在第 1 次去叶 5 d 后的叶 Z+ZR 含量,T_1L 处理显著($P<0.05$)低于 T_2L、T_3L 以及 CK 处理,在第 2 次去叶 5 d 后的叶 Z+ZR 含量,T_3L 和 CK 处理均显著($P<0.05$)高于 T_1L 和 T_2L 处理,在第 3 次去叶 5 d 后,CK 处理的叶 Z+ZR 含量显著($P<0.05$)高于其他三个处理;Z 和 ZR 是植物细胞分裂素的两种主要形态,因此,在多次去叶情况下,添加外源生长素易提高细胞分裂素在叶片中的含量,而向叶片喷施生长素运输抑制剂,则易降低叶片中细胞分裂素的含量。

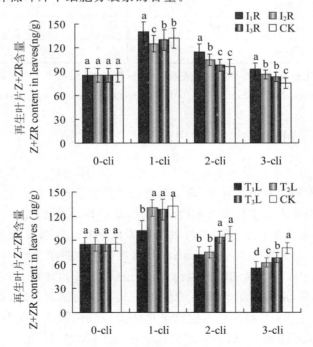

图 3.26　第二阶段两个试验各处理再生叶片 Z+ZR 含量

Fig 3.26　Z+ZR concentration of regrowth leaf in all treatments

of two experiments in the second stage

注:数值为平均值±标准差($n=3$)。不同小写字母表示 $P<0.05$ 水平上差异显著。0-cli、1-cli、2-cli 和 3-cli 分别表示去叶前、第 1 次去叶 5 d 后、第 2 次去叶 5 d 后和第 3 次去叶 5 d 后。Note: Values are mean ± standard error ($n=3$). Different small letters mean significant difference at the 0.05 level. 0-cli, 1-cli, 2-cli and 3-cli stand for pre-clipping and day 5 after the first, second and third clippings, respectively.

（3）相关系数

据表 3.24 可知,试验-3 中第 1 次去叶 5 d 后,再生叶片的 Z+ZR 含量与其生物量呈现负显著性($P<0.05$)的相关关系,而第 2、3 次去叶 6 d 后,二者呈现正极显著($P<0.01$)性相关关系。

表 3.24　试验-3 各处理叶激素含量与叶生物量的相关系数

Table 3.24　Correlation coefficient between leaf Z+ZR content and biomass in all treatments of Exp-3

项目 Item	去叶次数 Clipping times	玉米素和玉米素核苷含量 Z+ZR content
新生叶生物量	1-cli	−0.638*
Biamoss of	2-cli	0.832**
Regrowth leaves	3-cli	0.924**

注:* 表示显著($P<0.05$);** 表示极显著($P<0.01$)。

Note:* means significant ($P<0.05$);** means extremely significant ($P<0.01$).

3.6.4　讨论

生长素是从形态学上端运输到形态学下端,即由根尖产生运输到根基部,在第 3 章的研究中发现,断根能刺激去叶黑麦草根系的再生,因此,本研究中,在向根系添加生长素的试验开始前,要对各处理进行 1/2 断根处理,这样更利于根系生长过程中对外源生长素的利用。试验-1 在多次去叶的情况下,向根系添加 8 mg·L⁻¹ IAA 叶片再生生物量显著($P<0.05$)高于添加 15 mg·L⁻¹ IAA 的叶片生物量,这说明,生长素浓度过高时,可能出现"烧苗"现象,而抑制了黑麦草的生长。试验-3 的结果显示,外源生长素(IAA)对去叶黑麦草叶片再生生物量产生了积极的影响。在各次去叶 5 d 后,开始向根系添加 IAA,结果都会比不添加 IAA 处理的叶片生物量有所增加,这可能是由于添加外源 IAA,使根系的吸收功能增强,更有助于根系吸收养分(氮素等),从而对再生产生了积极影响。有研究发现,烤烟植株顶端产生的生长素,参与烤烟体内同化产物和矿质养分的运输和分配。

生长素极性运输抑制剂能够阻止生长素的生理效应,在植物的中央维管组织中,存在着一股从植物茎端到根尖的生长素极性运输的主流。试验-4 的结果显示,外源生长素运输抑制剂(TIBA)不利于去叶黑麦草叶片再生生物量的增加。在各次去叶 5 d 后,开始向叶片喷施 TIBA,结果都会比不喷施 TIBA 处理的叶片生物量有所较少,这同样可能是因为外源生长素运输抑制剂对黑麦根系的生长产生了负面影响。有研究显示,施加生长素极性运输抑制剂,能够抑制植物侧根极性运输突变体的形成,致使其不能形成侧根。而对植物而言,较大的根系会支撑其地上部分较大的茎叶。在棉花(Gossypium hirsutum)、小麦(Triticum aestivum L.)、互花米草(Spartina alterniflora)等植物上的研究表明,较大的根系会促进地上部分茎叶迅速生长。

在试验-3 中,不同去叶次数下,根系添加 IAA 处理中显示了较高的再生叶片 Z+ZR 含量,而试验-4 中,叶片喷施 TIBA 的处理中显示了较低的再生叶片 Z+ZR 含量。而且 Z+ZR 含量与再生叶片生物量之间存在显著相关关系,这与之前的研究结果一致,这说明,叶片中细胞分裂素含量调控黑麦草再生,而外源生长素对细胞分裂素的影响可能是通过间接作用实现的,Wang 等研究发现,由根系诱导的叶片细胞分裂素是调控多次去叶下多花黑麦草再生的关键因素,而根系吸收和向叶片运输的硝态氮的多少,能对黑麦草叶片细胞分裂素的合成产生一定的影响。有研究发现,根系硝酸盐含量的增加会导致根系细胞分裂素的积累,并增强与生长素的相互作用以促进根的生长,外源生长素 IAA 或 NAA,能促进根系对氮素的吸收、同化和积累。因此,外源生长素对去叶黑麦草再生极有可能是通过其对根系氮素的吸收,进而对细胞分裂素含量产生影响来实现的。

3.6.5　小结

本研究中,随去叶次数的增加,黑麦草叶片再生生物量呈降低的趋势。向根系添加 8 mg·L^{-1} 的 IAA 能够促进叶片再生生物量和叶片 Z+ZR 含量的增加,向叶片喷施 10 mg·L^{-1} 的 TIBA 能够减少黑麦草再生生物量和 Z+ZR 含量。再生叶片生物量与叶片 Z+ZR 含量呈显著相关关系。因此,叶片细胞分裂素是调控黑麦草再生的关键因素。

本研究中,我们发现相比于根系来说,茬中贮存的有机物质对叶片的再生关系更密切。单次去叶下,低茬和断根处理能减少叶片的再生生物量,增加相对再生指数(RI)和叶片 Z+ZR 含量。遮光下高茬和高茬断根的再生叶片的生物量较为接近,而它们均显著高于低茬的生物量。光照条件下,低茬和高茬断根在单次去叶的情况下,高茬在多次去叶的情况下,均易引起较高的再生叶片生物量、AI 值和叶片 Z+ZR 含量。另外,光照试验各处理的叶 Z+ZR 含量受其由根系向叶片输送的速率的直接调控。总之,从根系影响叶片生长的角度来讲,根系诱导的细胞分裂素是调控不同茬高黑麦草再生的关键性因素。

参考文献

[1]包方,胡玉欣,李家洋.通过 cDNA 阵列技术鉴定拟南芥生长素应答基因[J].科学通报,2001,46(23):1988—1992.

[2]陈海生.外源 IAA 对杂交稻生育后期叶片生理特性的影响[J].河南农业科学,2012,41(5):31—32.

[3]刘洪展,郑风荣,慈秀芹等.海水胁迫下外源生长素对小麦萌发期幼苗生理特性的影响[J].华北农学报,2005,21(2):79—82.

[4]刘洪展,郑风荣.海水胁迫下外源生长素对小麦萌发期根系特性的影响[J].中国生态农业学报,2007,15(2):205—206.

[5]刘华山,朱大恒,韩锦峰等.喷施 IAA 对烤烟烟碱含量及其合成酶的影响[J].中国烟草学报,2005,11(6):41—43.

[6]郭芳军,韩锦峰,张建忠.喷施生长素对烤烟酶活性和化学成分的影响[J].中国农学通报,2006,22(8):277—281.

[7]Morris D. A. , Thomas A. G. . A microautoradiographic study of auxin transport in the stem of intact pea seedlings(Pisum sativum L.)[J]. Journal of Experimental Botany,1978,29:147—157.

[8] Ruegger M, Dewey E, Hobbie L, et al. Reduced Naphthylphthalamic Acid Binding in the til3 Mutant of Arabidopsis is Associated with a Reduction in Polar Auxin Transport and Diverse Morphological Defect[J]. Plant Cell,1997,9:745—757.

[9]K. Krome,K. Rosenberg,C. Dickler,et al. Soil bacteria and protozoa affect root branching via effects on the auxin and cytokinin balance in plants[J]. Plant and Soil,2010,328:191—201.

[10]刘瑞显,陈兵林,王友华等.氮素对花铃期干旱再复水后棉花根系生长的影响[J].植物生态学报,2009,33(2):405—413.

[11]闫永銮,郝卫平,梅旭荣等.拔节期水分胁迫-复水对冬小麦干物质积累和水分利用效率的影响[J].中国农业气象,2011,32(2):190—195.

[12]Hessini K,Martínez J P,Gandour M,et al. Effect of water stress on growth,osmotic adjustment,cell wall elasticity and water-use efficiency

in Spartina alterniflora[J]. Environmental and Experimental Botany,2009,67:312－319.

[13]Wang X L,Liu D,Li Z Q. Effects of the coordination mechanism between roots and leaves induced by root-breaking and exogenous cytokinin spraying on the grazing tolerance of ryegrass[J]. Journal of Plant Research,2012,125:407－416.

[14]刘丹,李雪林,王晓凌.断根与外源细胞分裂素诱导去叶黑麦草耐牧性的研究[J].中国农学通报,2012,28(14):12－16.

[15]Wang X L,Wang J,Li Z Q. Correlation of continuous ryegrass regrowth with cytokinin induced by root nitrate absorption[J]. Journal of Plant Research,2013,126:685－697.

3.7　结论

本章节内容旨在探明调控黑麦草再生的机制。首先,以断根和喷施外源细胞分裂素为主要的研究手段,探明由多次去叶诱导的黑麦草根系有机物质含量水平的下降,导致了其根系吸收能力的下降,进而引起了其叶片细胞分裂素含量水平的下降。叶片细胞分裂素含量水平调控着多次去叶黑麦草再生叶片生物量的多少。总之,该阶段的研究实验发现了由根系诱导的叶片细胞分裂素与黑麦草持续性再生密切相联系。

其次,以遮光和梯度断根为主要研究手段,发现根系中的碳水化合物不参与到叶片的再生过程中,而细胞分裂素是根系调控多次去叶的情况下黑麦草持续性再生的关键性因素。该阶段的研究还发现多次去叶的情况下,尽管根系对叶片细胞分裂素含量水平起着关键的调控作用,然而根源细胞分裂素却不是叶片细胞分裂素的关键性来源。

第三,在遮光和断根的基础上通过,设置高低茬来寻找不同茬高黑麦草再生的关键因素。试验结果揭示,在单次去叶的情况下与高茬相比,低茬通过诱导根系向叶片输送细胞分裂素促进了黑麦草的再生;而在多次去叶的情况下,与低茬相比,高茬也通过诱导根系向叶片输送细胞分裂素,同样促进了黑麦草的再生。

最后,以外源添加硝态氮和细胞分裂素为主要的研究手段,在前两阶段的研究基础上对黑麦草持续性再生机制进行了更加深入的探讨。结果发现,多次去叶会导致黑麦草根系有机物质的大量损耗,从而导致其根系硝态氮吸收能力的减弱,由此引起硝态氮由根系向叶片输送速率的下降,和叶片硝态氮含量水平的下降,从而导致叶片细胞分裂素含量水平的下降,进而引起再生叶片生物量的下降。研究还发现多次去叶的情况下,叶片中的细胞分裂素直接对再生叶片生物量产生影响,而硝态氮间接通过细胞分裂素对再生叶片的生物量产生影响。总之,从根系影响叶片生长的角度来讲,叶片细胞分裂素是调控黑麦草再生的关键性因素。

第4章 总结与展望

4.1 宏观和微观的有机统一

本研究以内蒙古草原典型的优势植物——羊草为研究对象,较系统地研究了过度放牧对羊草生理生态特征的影响,反映羊草对放牧和放牧环境变化的生理生态适应性。研究针对羊草草地对牲畜采食后的再生以及补偿性再生长效应,对合理利用羊草草地可再生资源进行了有力的探索,并为适时放牧、控制放牧强度、确定合理的放牧强度、合理利用和改良草原提供了扎实的理论基础。通过着重研究羊草草原去叶后再生过程中的光合生理生态响应,发现良好的土壤水分和养分条件是羊草生长的物质基础,高的光合能力是羊草获得更高再生生物产量的必要生理条件。而过度放牧条件下,土壤保持水分和养分的能力降低,造成土地干旱和土壤贫瘠,由此影响到根系对水分和养分的吸收,从而植物光合生产能力受到严重制约。因此,从草原生态系统的观点来看,羊草草原上根系是制约去叶后羊草叶片再生的关键性因素。同时,这也给了我们从根系入手,来寻找调控草原植物再生关键物质的强有力的启示。

为此,我们开始选择以多花黑麦草为试验材料,进行了从根叶互作的角度来寻找调控牧草再生的关键物质的工作。因为多花黑麦草生长迅速,再生周期短,而且其还是目前世界上的一种主要牧草,在全世界广泛分布并常常被人们当作牧草利用,是研究牧草再生的良好材料。如能以多花黑麦草为试验材料来研究牧草的再生,就能从更广泛的意义上来阐明草原生态系统中草类植物再生的基本原理。

由此,我们以多花黑麦草为试验材料来研究根叶互作下的再生机制。首先,我们从有机物质供应的角度来探讨根叶互作下的黑麦草再生,是因为黑麦草叶片再生所需有机物质的供给所有再生问题的根本所在。然而,研究的结果却出乎我们所预料的范围,有机物质供应并非是去叶黑麦草再生的关键所在,仅仅是其再生所依赖的物质基础,而由黑麦草根系所诱导的叶片细胞分裂素是影响其再生的关键所在。

从宏观和微观有机统一的角度上来说,根系诱导的叶片细胞分裂素是连接草原植物再生问题宏观角度与微观角度的有机纽带。从宏观的草原生态系统的观点来讲,草原植物去叶后的再生是由资源和物质决定的,主要包括养分和水分,就如同本研究中所提到的制约羊草草原再生的关键是土地干旱和土壤贫瘠;然而从微观的植物生理学的角度来讲,叶片细胞分裂素是调控牧草叶片再生的关键物质;叶片的细胞分裂素是由根系诱导的,而根系的功能是受牧草的物质资源,包括贮存的有机物质和即将光合的有机物质所控制的。从这个意义上来讲,我们可以把微观的植物生理学指标来有效反映宏观的草原生态系统问题,来解决一些生产实践中的实际问题。我们所获得了一项国家发明专利"用玉米素核苷测定不同茬高多花黑麦草再生能力的方法",是该理论的核心体现。

4.2 化感与牧草再生展望

科研的核心在于不断地创新和探索,我们认为,基于宏观和微观的有机统一,把根系调控的叶片细胞分裂素对牧草再生调控的理论进一步扩展和挖掘,有可能开拓出牧草再生研究的另一个新局面。

在一个牧草种群中,由于种群内部不同个体之间受到的去叶强度(去叶次数,即去叶频度;所留茬高)存在着一定程度的差异,会造成它们再生速率的不同,由此会诱发它们再生之间的相互影响。去叶强度是影响牧草再生的一个非常重要的因素,近年被许多学者报道(N'Guessan et al.,2011;Tessema et al.,2010;Stilmant et al.,2010;Ventroni et al.,2010)。从去叶强度入手,来研究这种由于去叶强度的差别而诱发的黑麦草再生之间的相互影响,有助于从种群层次上更深入地探索牧草的再生问题。

植物根系能够分泌自毒的物质使本身受害。郭修武等(2012)的研究发现葡萄根系分泌物中三氯甲烷萃取有自毒作用,会抑制葡萄的生长发育,Asaduzzaman and Asao(2012)对豌豆、蚕豆和菜豆进行了研究,发现它们根系分泌的苯甲酸、水杨酸和丙二酸能产生自毒作用,严重抑制了它们的生长。在苜蓿、黄瓜以及黄芩等植物上也发现存在着与有根系分泌物有关的自毒作用(Yu et al.,2009;Chon et al.,2003;Zhang et al.,2010)。然而,另有学者报道同种植物根系分泌化感的物质对自身并无自毒作用,甚至会出现促进根系生长的现象。Rudrappa et al.(2007)对芦苇根系分泌的化感物质进行了研究,发现这些化感物质能抑制其他杂草的生长,而对自己的生长无任何负面影响;据 Caffaro et al.(2011)对拟南芥研究发现其根系分泌物能有效增加其新生根系的数量。

苯并恶嗪酮类化合物(HBOA,DIBOA,HMBOA 等)、酚酸类化合物

（水杨酸、对羟基苯甲酸、丁香酸、阿魏酸、香豆酸等）、吲哚类化合物（5-羟基吲哚-2-羧酸、5-羧基吲哚-3-乙酸等）是水稻、大麦、小麦、黑麦，以及其他许多植物根系分泌的常见的化感物质（Schulz et al.，2013；Albuquerque et al.，2011；Seal et al.，2004；Huang et al.，2003），其中水杨酸、对羟基苯甲酸、丁香酸、阿魏酸等许多物质具有自毒作用。另外，在西洋参、蚕豆、洋姜、西瓜等许多植物上也同样发现，水杨酸是重要的一种化感物质（Asaduzza-man and Asao 2012；Tesio et al.，2011；焦晓林等 2012）。由此可知，水杨酸是植物分泌的一种较为普遍化感物质。根系施加外源水杨酸能有助于增强黄瓜抵御干旱和高温的胁迫的能力，促进黄瓜生长（郝敬红等，2012；Zhang et al.，2012）；外源施用水杨酸还能促进野燕麦的萌芽（Almaghrabi 2012）；向盐胁迫下的小麦根系中施用外源水杨酸后，发现根系呈现较高的生长素含量水平，从而促进了小麦根尖细胞的分裂、小麦的生长及其产量的提高（Shakirova et al.，2003）。总之，植物根系可分泌促进生长的化感物质，也可分泌抑制生长的化感物质。

据 Clayton et al.（2008）对去叶多花黑麦草的研究，多次去叶与去叶次数较少相比，会明显减少根系分泌的总糖类物质。可见，去叶强度的差异易引起牧草根系分泌不同量的有机物物质。不同去叶强度引起的牧草根系分泌的抑制或促进生长的化感物量的差异，在它们再生的过程中，有可能通过对根系中生长素的影响，而造成去叶强度小的抑制或促进去叶频度大的根系对硝态氮的吸收。因为，根系生长素是影响去叶后牧草再生的一个非常重要的关键因素，那么，根系分泌物如能对再生产生影响，其就有可能也会对根系生长素产生影响。总之，以根系诱导的叶片细胞分裂素对再生调控为核心，来从化感的角度研究牧草种群见相互作用对再生的调控，有可能是牧草根叶互作再生理论发展的新方向。

参考文献

[1]N′Guessan，M.，Hartnett，D. C. Differential responses to defoliation frequency in little bluestem（Schizachyrium scoparium）in tallgrass prairie：implications for herbivory tolerance and avoidance[J]. Plant Ecology，2011，212：1275－1285.

[2]Tessema，Z. K.，Mihret，J.，Solomon，M. Effect of defoliation frequency and cutting height on growth，dry-matter yield and nutritive value of Napier grass（Pennisetum purpureum（L.）Schumach）[J]. Grass and Forage Science，2010，65：421－430.

[3]Stilmant,D.,Bodson,B.,Vrancken,C.,Losseau,C. Impact of cutting frequency on the vigour of Rumex obtusifolius[J]. Grass and Forage Science,2010,65:147—153.

[4]Ventroni,L. M.,Volenec,J. J.,Cangiano,C. A. Fall dormancy and cutting frequency impact on alfalfa yield and yield components[J]. Field Crops Research,2010,119:252—259.

[5]郭修武,李娜,李坤,郭印山,李成祥,谢洪刚. 葡萄根系分泌物主效自毒物质的初步分离与鉴定[J]. 果树学报,2012,29:861—866.

[6]Asaduzzaman,M.,Asao,T. Autotoxicity in beans and their allelochemicals[J]. Scientia Horticulturae,2012,134:26—31.

[7]Yu,J. Q.,Sun,Y.,Zhang,Y.,Ding,J.,Xia,X. J.,Xiao,C. L.,Shi,K.,Zhou,Y. H. Selective trans-Cinnamic Acid Uptake Impairs [Ca2+]cyt Homeostasis and Growth in Cucumis sativus L[J]. Journal of Chemical Ecology,2009,35:1471—1477.

[8]Chon,S. U.,Nelson,J.,Coutts,J. Physiological assessment and path coefficient analysis to improve evaluation of alfalfa autotoxicity[J]. Journal of Chemical Ecology,2003,29:2414—2424.

[9]Zhang,S. S.,Jin,Y. L.,Zhu,W. J.,Tang,J. J.,Hu,S. J.,Zhou,T. S.,Chen,X. Baicalin Released from Scutellaria baicalensis Induces Autotoxicity and Promotes Soilborn Pathogens[J]. Journal of Chemical Ecology,2010,36:329—338.

[10]Rudrappa,T.,Bonsall,J.,Gallagher,J. L.,Seliskar,D. M.,Bais,H. P. Root-secreted Allelochemical in the Noxious Weed Phragmites Australis Deploys a Reactive Oxygen Species Response and Microtubule Assembly Disruption to Execute Rhizotoxicity[J]. Journal of Chemical Ecology,2007,33:1898—1918.

[11]Caffaro,M. M.,Vivanco,J. M.,Boem,F. H. G.,Rubio,G. The effect of root exudates on root architecture in Arabidopsis thaliana[J]. Plant Growth Regulation,2011,64:241—249.

[12]Schulz,M.,Marocco,A.,Tabaglio,V.,Macias,F. A.,Molinillo,J. M. G. Benzoxazinoids in Rye Allelopathy-From Discovery to Application in Sustainable Weed Control and Organic Farming[J]. J Chem Ecol,2013,DOI 10. 1007/s10886—013—0235—x.

[13]Albuquerque,M. B.,Santos,R. C. D.,Lima,L. M.,Filho,P. A. M.,Nogueira,R. J. M. C.,Camara,C. A. G.,Ramos,A. R. Allelopathy,an

alternative tool to improve cropping systems. A review[J]. Agronomy for Sustainable Development,2011,31:379—395.

[14]Seal,A. N. ,Pratley,J. E. ,Haig,T. ,An,M. Identification and Quantitation of Compounds in a Series of Allelopathic and Non-Allelopathic Rice Root Exudates[J]. Journal of Chemical Ecology:2004,30,1647 —1662.

[15]Huang,Z. Q. ,Haig,T. ,Wu,H. W. ,An,M. ,Pratley,J. Correlation Between Phytotoxicity on Annual Ryegrass(Lolium rigidum)and Production Dynamics of Allelochemicals Within Root Exudates of an Allelopathic Wheat[J]. Journal of Chemical Ecology,2003,63,2263—2279.

[16]Tesio,F. ,Weston,L. A. ,Ferrero,A. Allelochemicals identified from Jerusalem artichoke(Helianthus tuberosus L.)residues and their potential inhibitory activity in the field and laboratory[J]. Scientia Horticulturae,2011,129:361—368.

[17]焦晓林,杜静,高微微.西洋参根残体对自身生长的双重作用[J]. 生态学报,2012,32:3128—3135.

[18]郝敬虹,易旸,尚庆茂,董春娟,张志刚.干旱胁迫下外源水杨酸对 黄瓜幼苗膜脂过氧化和光合特性的影响[J]. 应用生态学报,2012,23:717 —723.

[19]Zhang,J. ,Li,D. M. ,Sun,W. J. ,Wang,X. J. ,Bai,J. G. Exogenous p-hydroxybenzoic acid regulates antioxidant enzyme activity and mitigates heat stress of cucumber leaves[J]. Scientia Horticulturae,2012,148: 235—245.

[20]Almaghrabi,O. A. Control of wild oat(Avena fatua)using some phenolic compounds I-Germination and some growth parameters[J]. Saudi Journal of Biological Sciences,2012,19:17—24.

[21]Shakirova,F. M. ,Sakhabutdinova,A. R. ,Bezrukova,M. V. ,Fatkhutdinova,R. A. ,Fatkhutdinova,D. R. ,Changes in the hormonal status of wheat seedlings induced by salicylic acid and salinity[J]. Plant Science, 2003,164:317—322.

[22]Clayton,S. J. ,Read,D. B. ,Murray,P. J. ,Gregory,P. J. Exudation of Alcohol and Aldehyde Sugars from Roots of Defoliated Lolium perenne L. Grown Under Sterile Conditions[J]. Journal of Chemical Ecology,2008,34:1411—1421.

后　记

　　牧草再生是一个涉及面广、参与因素多、新生有机物质制造的过程。近几十年来，由于草地利用方式不合理，注重利用而忽视保护，加上人口的急剧增加，对草地资源进行掠夺式的开发，滥垦草地，过度放牧，粗放经营，再加上气候干旱，草地退化沙化程度非常严重。牧草的耐牧性是牧草维持自身生存、维持草场持续生产和提高产草量的重要因素，因此研究牧草的再生对草原生态系统地恢复具有重要意义。基于此，笔者确定了本书的写作方向，即根叶互作调控下的牧草再生机制研究。

　　在全面把握本书写作方向的基础上，笔者选取了内蒙古草原典型的优势植物——羊草为研究对象，较系统的研究了过度放牧对羊草生理特征的影响，反映羊草对放牧和放牧环境变化的生理生态适应性；为了进一步说明羊草对不同放牧强度的效应，通过不同刈割强度模拟放牧，以及不同刈割强度下施肥和干旱处理的控制试验，反映羊草在不同刈割强度下的补偿性生长效应。在写作过程中，无论是整体结构的布局上，还是在具体章节内容安排上，不敢追求做到面面俱到、包罗万象，而是将那些笔者认为相当重要的内容一一阐述，特别注意理论与实践的结合。

　　笔者在写作此书过程中，查阅了大量参考文献，针对不同问题咨询了相应的前辈和同行。认真观察、仔细总结了影响牧草再生的生理和生态因子，并在前人经验基础之上，汲取精粹，探索研究。这一路来，过程伴随着艰难与痛苦，过后也萌生出一些收获的甘甜。作者希望这本书能给草原生态系统研究工作者带来一定的帮助。

　　在此书脱稿付梓之际，笔者感慨万千，内心充满了感激之情。首先，在写作过程中，笔者参考和借鉴了大量的相关著作，在此向这些参考文献作者表示由衷的谢意；其次，要感谢领导、同事、朋友和我的家人，是你们的关心、支持与帮助让笔者在艰难的时候有了坚持下去的勇气，没有你们，也不会有这本书；最后，还要感谢出版社的有关领导和工作人员，感谢你们对本书的支持认可以及为这本书付出的辛勤汗水。希望此番努力能够为相关牧草再生机制的研究略尽绵薄之力，同时进一步加深草原生态学的研究交流，促进其更好地发展，共创和谐生态环境。

　　由于作者水平有限,本书虽然经过多次修改,但书中仍有不尽如人意之处,诚恳地希望得到读者和专家、同仁的指教,以便不断地加以修正、完善。